9./10. Schuljahr

A. Deeg & R. Held

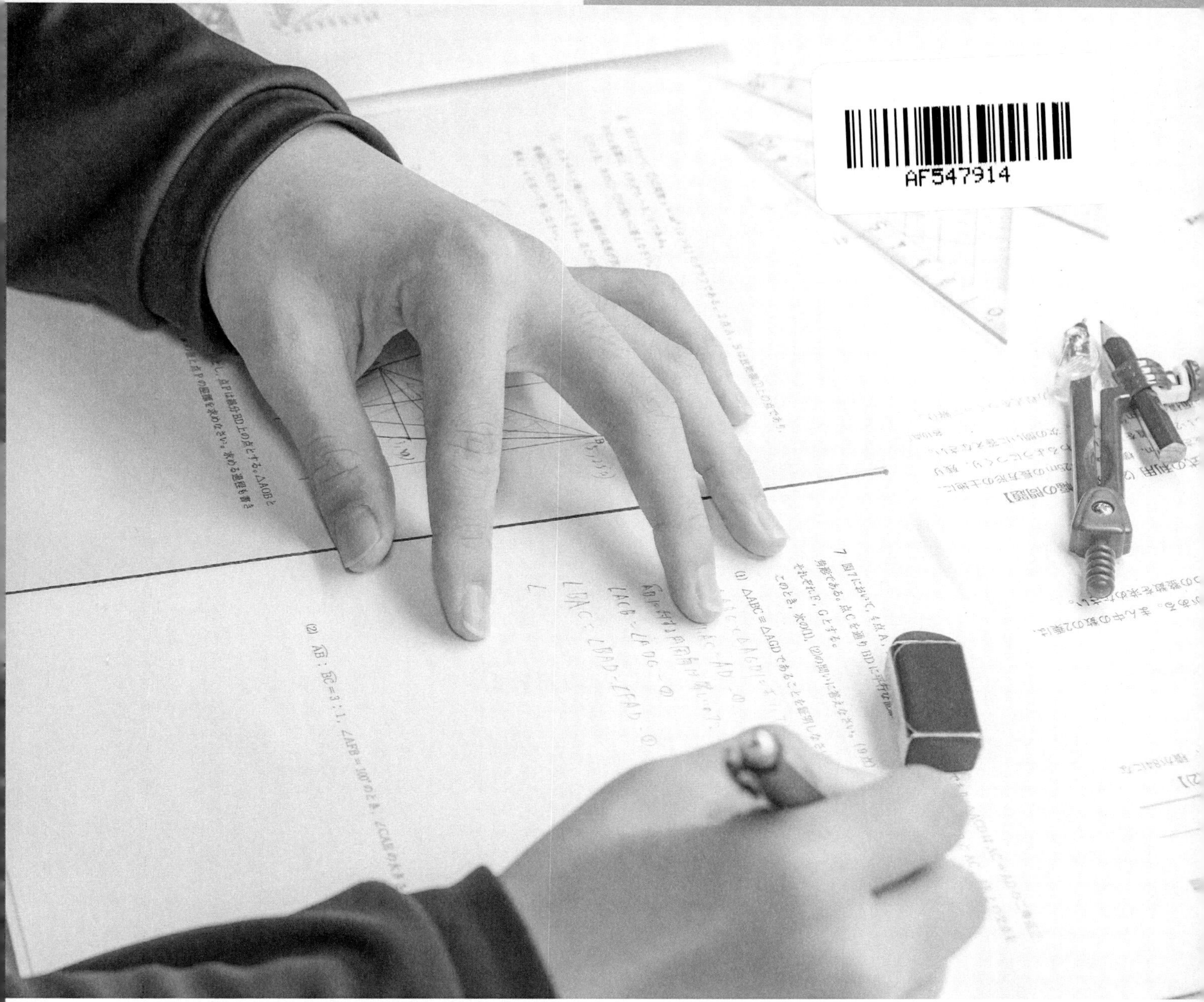

A1-Aufgaben in der Mathematik

Vorbereitung für den hilfsmittelfreien Teil der Realschulprüfung

www.kohlverlag.de

A1-Aufgaben in der Mathematik

Vorbereitung für den hilfsmittelfreien Teil der Realschulprüfung

1. Auflage 2024

Inhalt: Andrea Deeg & Ramona Held
Coverbild: © AdobeStock.com
Redaktion: Kohl–Verlag
Grafik & Satz: Kohl–Verlag
Druck: farbo prepress GmbH, Köln

Bestell–Nr. 13 055

ISBN: 978-3-98841-129-7

Bildquellen © AdobeStock.com

S. 5-68: © strichfiguren; S. 6: © premiumdesign; S. 8: © Fiedels; S. 9: © jokatoons; S. 12: © YummyBuum; S. 14: © Alexander; S. 16: © one-time; S. 18: © 3Dmask; S. 19: © Alexey Pavluts; S. 20: © inspiring.team; S. 21: © screenexa; S. 22: © phonlamaiphoto; S. 24: © Galih; S. 26: © kirill_makarov; S. 28: © ValGraphic; S. 30: © New Africa; S. 31: © OrlyDesign; S. 35: © Marcela Ruty Romero; S. 43 © Pawel Pajor; S. 44 © dataimasu; S. 45: © AKS, © djmilic

Bildquellen © wikimedia.org

S. 22: © Benutzer Gunther

Inhalt

KOHL VERLAG Lernen mit Erfolg
A1-Aufgaben in der Mathematik
Vorbereitung für den hilfsmittelfreien Teil der Realschulprüfung – Bestell-Nr. 13 055

Vorwort

Die Abschlussprüfungen für den Bildungsabschluss an den mittleren Schulformen in vielen Bundesländern umfassen heutzutage einen hilfsmittelfreien Teil, in dem Aufgaben ohne Taschenrechner und Formelsammlung gelöst werden müssen. Dieser Teil der Prüfung soll die grundlegenden mathematischen Kompetenzen der Schülerinnen und Schüler abfragen. Aus unserer jahrelangen Erfahrung im Mathematikunterricht an der Mittelschule wissen wir, wie wichtig das gezielte Training mit möglichen Aufgabenformen ist.

Dieses Buch bietet Schülerinnen und Schülern eine Möglichkeit, sich auf das neue Aufgabenformat vorzubereiten. Es enthält eine Vielzahl von Übungsaufgaben aus allen Bereichen der Mathematik, die ohne Hilfsmittel gelöst werden müssen.

Die Aufgaben sind so konzipiert, dass sie den Schülerinnen und Schülern helfen, ihre mathematischen Kompetenzen zu festigen und zu erweitern.

Dieses Buch kann sowohl den Unterricht bereichern, indem die individuellen Lösungen diskutiert werden und die Lernenden bei Bedarf Unterstützung erhalten. Es eignet sich jedoch durch den angehängten Lösungsteil auch zum Selbststudium.

Ziele:

Dieses Buch soll Schülerinnen und Schülern dabei helfen,

- ihre mathematischen Kompetenzen zu festigen und zu erweitern,
- sich auf vielfältige Aufgabenformate, die ohne Hilfsmittel gelöst werden müssen, vorzubereiten,
- mit mathematischen Problemen umzugehen, die nicht sofort mit einem Taschenrechner oder einer Formelsammlung gelöst werden können.

Viel Erfolg beim Lernen und Üben und natürlich bei den Abschlussprüfungen wünschen allen Schülerinnen und Schülern das Team des Kohl-Verlags sowie

Andrea Deeg und Ramona Held

1 Basiswissen

Aufgabe 1: *Welche Zahl gehört in die Leerstelle?*

18 • 4 = _____ • 8

Aufgabe 2: *Was hat den größeren Umfang: das Quadrat oder der Kreis? Begründen Sie.*

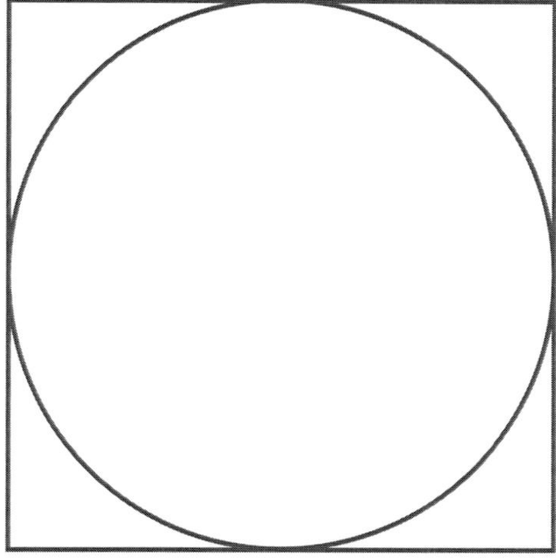

Aufgabe 3: *Es handelt sich um eine … Kreuzen Sie an.*

- [ ] Parallelverschiebung
- [ ] Punktspiegelung
- [ ] Drehung
- [ ] Achsenspiegelung

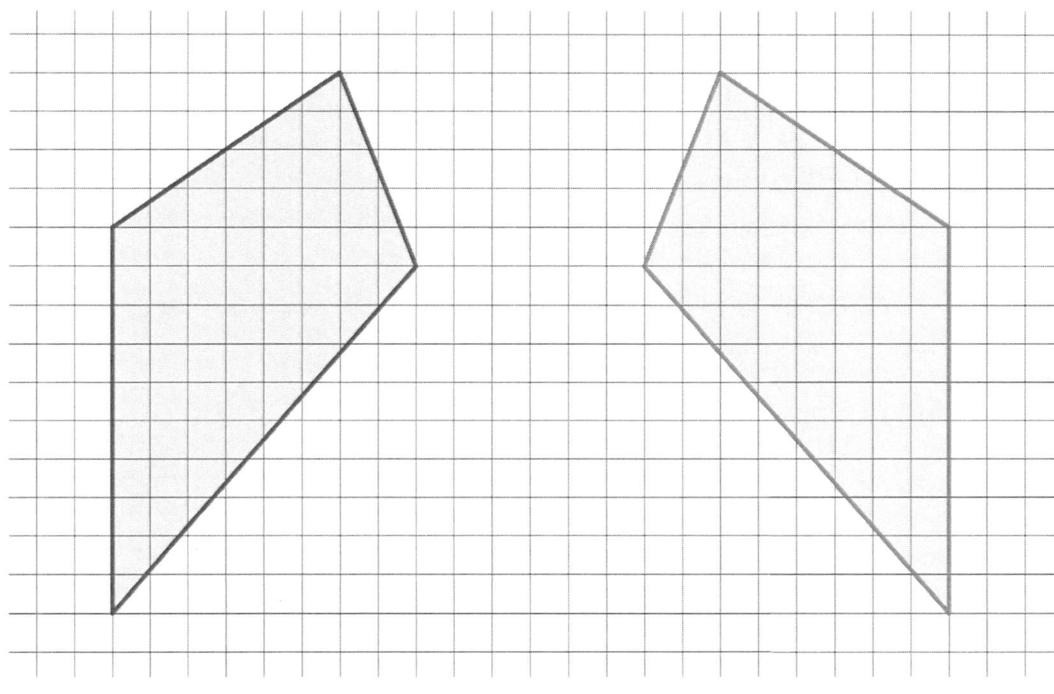

KOHL VERLAG
A1-Aufgaben in der Mathematik
Vorbereitung für den hilfsmittelfreien Teil der Realschulprüfung – Bestell-Nr. 13 055

1 Basiswissen

Aufgabe 4: *Welches ist das größte Volumen?*

- ☐ 400 cm^3
- ☐ 4 m^3
- ☐ 50 dm^3
- ☐ 1000 m^2

Aufgabe 5: *Kreuzen Sie die richtige Antwort an.*

$\frac{13}{20} =$

- ☐ 6,5 %
- ☐ 0,13
- ☐ 1,3
- ☐ 65 %

Aufgabe 6: *Kreuzen Sie die größte Zahl an.*

- ☐ –0,0045
- ☐ –0,45
- ☐ $4{,}5 \cdot 10^{-3}$
- ☐ 0,054

Aufgabe 7: *Subtrahiert man von einer Zahl 3 und multipliziert diese Differenz mit 5, so erhält man 5. Wie heißt die Zahl?* _______

Aufgabe 8: *Gegeben ist der Winkel ß = 72°. Welchen prozentualen Anteil der Kreisfläche hat der Kreissektor?* __________

Aufgabe 9: *Ergänzen Sie.*

240 : 7 = 480 : ______

Aufgabe 10: *Ein Rechteck hat einen Flächeninhalt von 60 cm^2. Geben Sie die Maße eines flächeninhaltsgleichen Dreiecks an.* ________________

Aufgabe 11: *Welche Eigenschaften hat das Dreieck?*

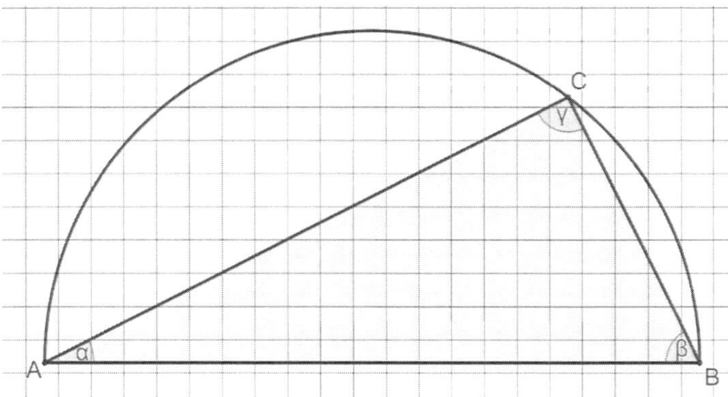

____

____

____

2 Potenzen und Wurzeln

Aufgabe 1: *Geben Sie das Ergebnis ohne Potenzen an.*

a) $100^4 \cdot 0{,}01^4 =$

d) $b^9 \cdot 9^{1/2} \cdot 4^0 \cdot b^{-9} =$

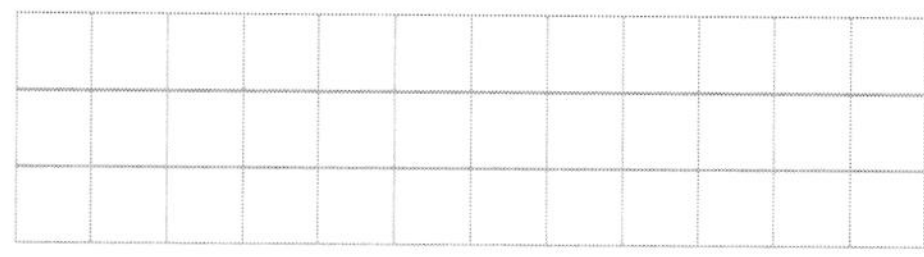

b) $5^3 \cdot 7^0 =$

e) $a^{3/4} : a^{1/4} \cdot a^{1/2} =$

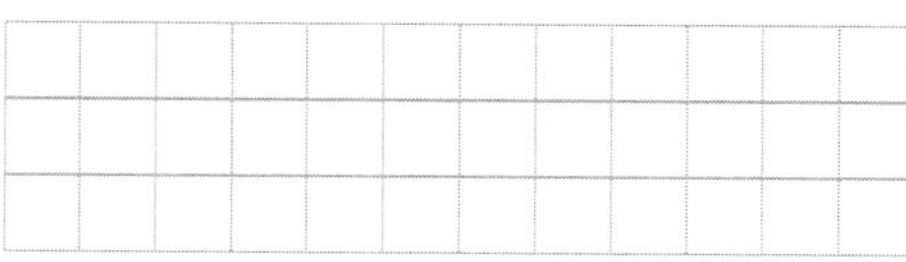

c) $144^{½} \cdot 12 =$

f) $27^{1/3} \cdot 3^0 \cdot 125 =$

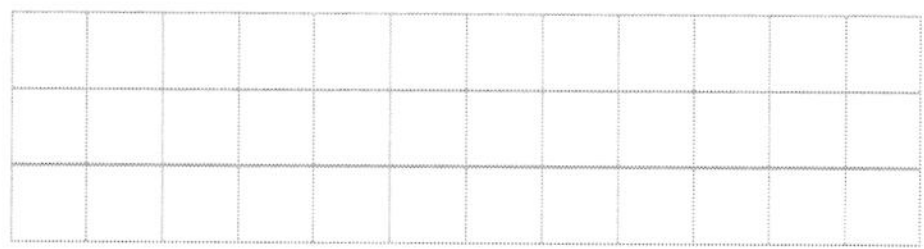

Aufgabe 2: *Welche Vereinfachung ist richtig? Kreuzen Sie an.*

$4^5 : 4^{-5} =$	$2^2 : 4^0 =$	$a^7 \cdot 6^5 \cdot 4^5 \cdot a^{-9} =$
☐ 4^0	☐ 1	☐ $a^{-2} \cdot 24^5$
☐ 4^{10}	☐ 4	☐ $a^{-2} \cdot 24^{10}$
☐ 4^1	☐ $0{,}5$	☐ $a^2 \cdot 24^{10}$

Aufgabe 3: *Kleiner, größer oder gleich?*

a)

2^4		2^{-4}
2^4		4^2
1^7		1^0
2^{-4}		2^{-5}

b)

1^4		1^{-4}
3^2		2^3
$10^{1/2}$		10^0
0^0		0^{12}

c)

$1^{1/4}$		1^{12}
4^3		4^{-3}
$16^{1/2}$		2^2
64^2		2^7

Aufgabe 4: *Ergänzen Sie passende Werte in den Lücken.*

a) $4^{\square} \cdot 4^{-6} = 4^3$

b) $-\square^{\square} = -16$

Aufgabe 5: *Berechnen Sie.*

a) $\sqrt[3]{a^4} \cdot \sqrt[5]{b^5} \cdot a^{-\frac{1}{3}} =$

b) $\sqrt[8]{c^4} \cdot \sqrt[5]{b^5} \cdot c^{-\frac{3}{2}} =$

A1-Aufgaben in der Mathematik
Vorbereitung für den hilfsmittelfreien Teil der Realschulprüfung – Bestell-Nr. 13 055
KOHL VERLAG

Potenzen und Wurzeln

Aufgabe 6: *Wandeln Sie in Potenzschreibweise um.*

a) $\sqrt[5]{2^3} =$ b) $0{,}00001 \cdot 78 =$

c) $\sqrt[4]{101^{-2}} =$ d) $\sqrt[3]{2^{-3}} =$

Aufgabe 7: *Kleiner, größer oder gleich?*

a)			b)			c)		
$\sqrt[7]{2^7}$		2^0	$\sqrt[5]{2^{-4}}$		2^{-4}	$\sqrt[4]{9^{-2}}$		$\sqrt[6]{9^{-3}}$
2^2		$\sqrt[2]{2^{-4}}$	$\sqrt[2]{2^{-4}}$		2^{-2}	$\sqrt[4]{16^{-4}}$		16^{-4}
1^7		$\sqrt[7]{1}$	$\sqrt[6]{3^0}$		3^0	$\sqrt[3]{27}$		$\sqrt[2]{9}$
$\sqrt[9]{3^{18}}$		3^3	$\sqrt[4]{16^{-2}}$		0,25	$\sqrt[4]{16^{-2}}$		$\frac{1}{16^4}$

Aufgabe 8: *Welche Länge ist die größte?*

- [ ] $30 \cdot 10^3$ cm
- [ ] $3 \cdot 10^3$ dm
- [ ] $30 \cdot 10$ m
- [ ] 3 km

Aufgabe 9: $2^x = 8^x$

x ist ...

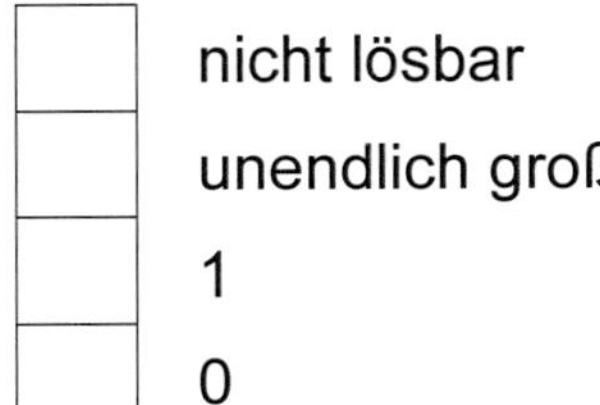

- [ ] nicht lösbar
- [ ] unendlich groß
- [ ] 1
- [ ] 0

Aufgabe 10: *In der Umformung ist ein Fehler. Korrigieren Sie.*

$$5^{-2} = \frac{1}{5^2} = \frac{1}{10} = 0{,}1$$

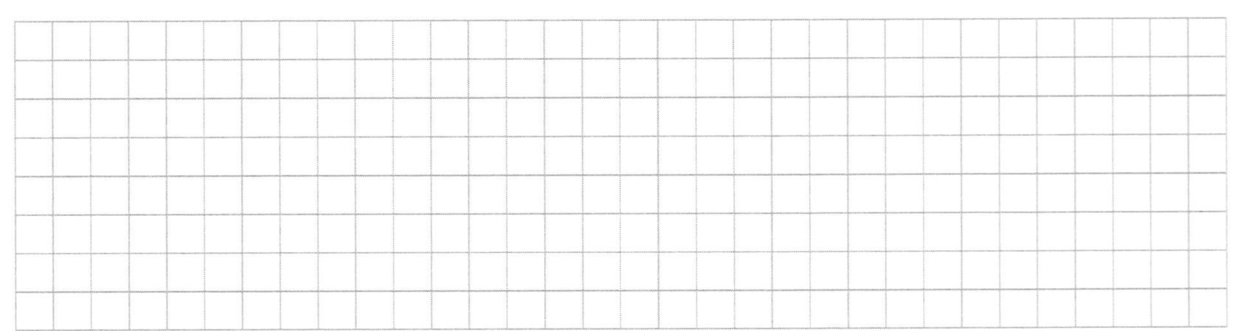

2 Potenzen und Wurzeln

Aufgabe 11: *Ist diese Rechenoperation durchführbar?* $\log_0 13$

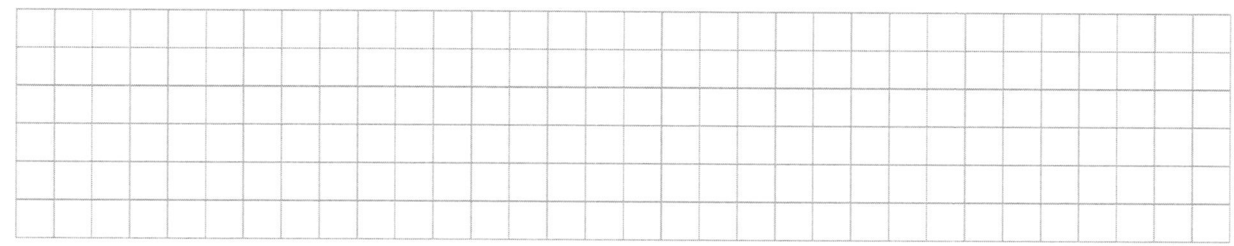

Aufgabe 12: *Berechnen Sie den Logarithmus:* $\log_2 32$

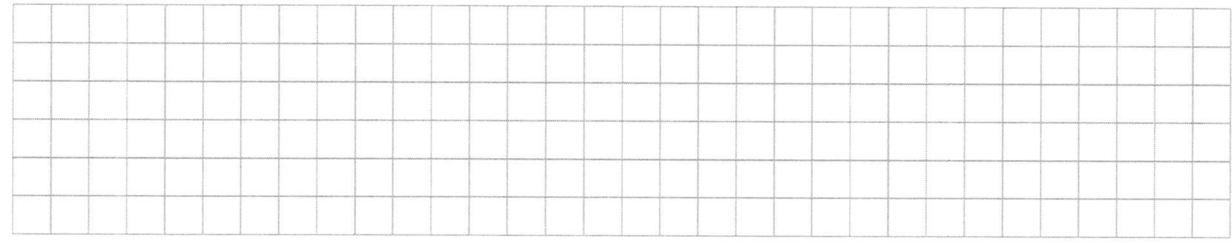

Aufgabe 13: *Wie lautet der passende Logarithmusterm zu* $4^3 = 64$*?*

- [ ] $\log_3 64 = 4$
- [ ] $\log_4 64 = 3$
- [ ] $\log_{64} 4 = 3$

Aufgabe 14: *Der Logarithmus von 125 zur Basis 5 ist:* ______

Aufgabe 15: $(-4y)^3 =$

- [ ] $-64y^3$
- [ ] $64y^3$
- [ ] $4y^3$
- [ ] $-4y^3$

Aufgabe 16: *Fassen Sie zusammen:* $5^7 \cdot 5^{-3} \cdot 5^{\frac{4}{2}} =$ ____________

Aufgabe 17: *Wie kann man* $8^6 : 2^2$ *als Potenz zusammenfassen?*

- [ ] 4^8
- [ ] 8^4
- [ ] Man kann es nicht.
- [ ] 2^6

A1-Aufgaben in der Mathematik
Vorbereitung für den hilfsmittelfreien Teil der Realschulprüfung – Bestell-Nr. 13 055
KOHL VERLAG

2 Potenzen und Wurzeln

Aufgabe 18: $2^4 \neq$ ...

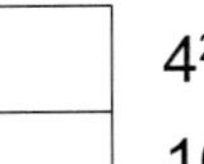

- ☐ 4^2
- ☐ 16
- ☐ 8^2

Aufgabe 19: $3^4 =$

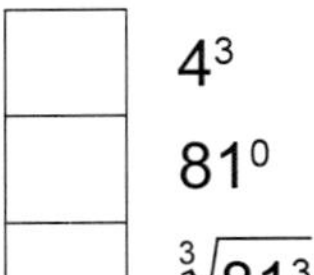

- ☐ 4^3
- ☐ 81^0
- ☐ $\sqrt[3]{81^3}$

Aufgabe 20: $0{,}1^3 =$

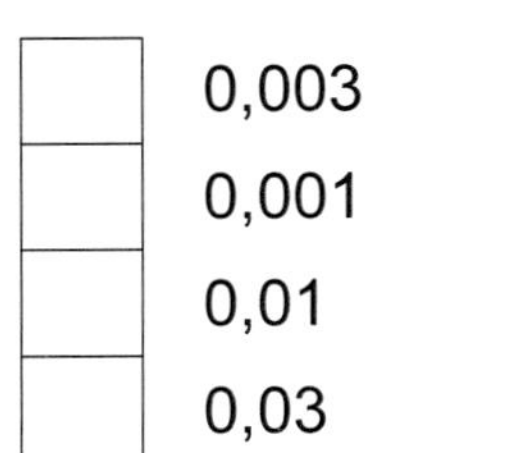

- ☐ 0,003
- ☐ 0,001
- ☐ 0,01
- ☐ 0,03

Aufgabe 21: *Bestimmen Sie x.*

$2^x = \frac{1}{8}$

Aufgabe 22: *Welche Zahl ist die kleinste?*

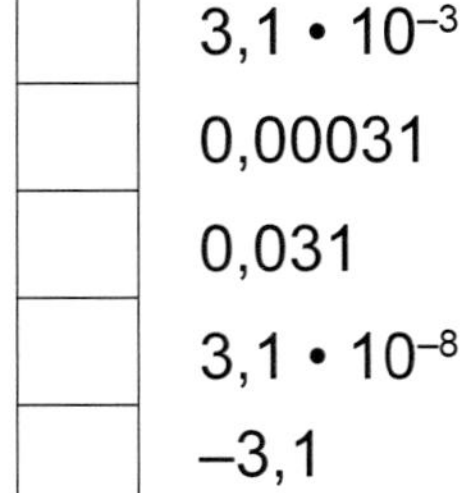

- ☐ $3{,}1 \cdot 10^{-3}$
- ☐ 0,00031
- ☐ 0,031
- ☐ $3{,}1 \cdot 10^{-8}$
- ☐ –3,1

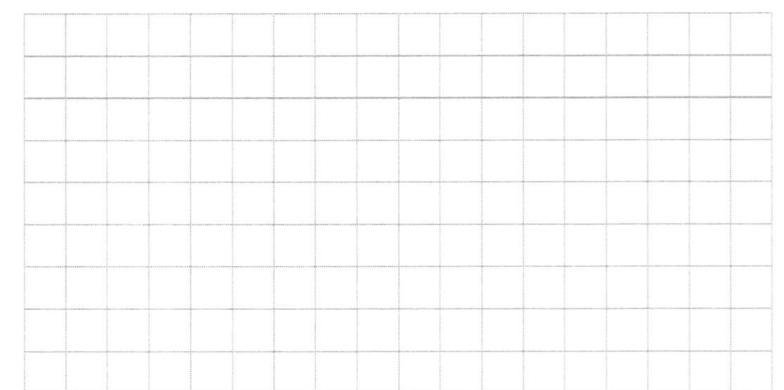

3 Lineare Funktionen

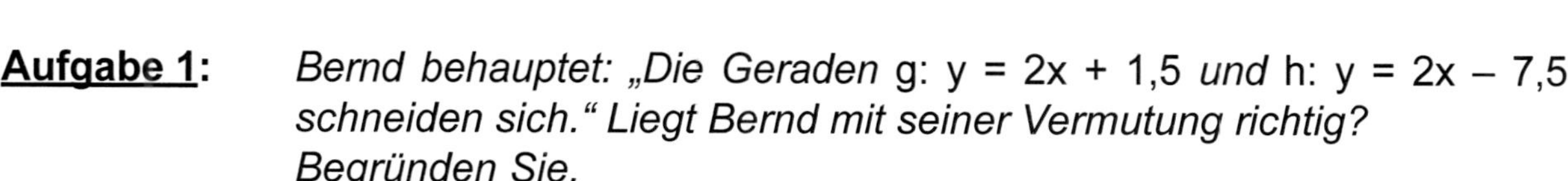

Aufgabe 1: *Bernd behauptet: „Die Geraden* g: y = 2x + 1,5 *und* h: y = 2x – 7,5 *schneiden sich." Liegt Bernd mit seiner Vermutung richtig? Begründen Sie.*

Aufgabe 2: *Welche Gerade hat mit der Geraden* h: 2y = –5x + 3 *keinen Punkt gemeinsam? Kreuzen Sie an und begründen Sie.*

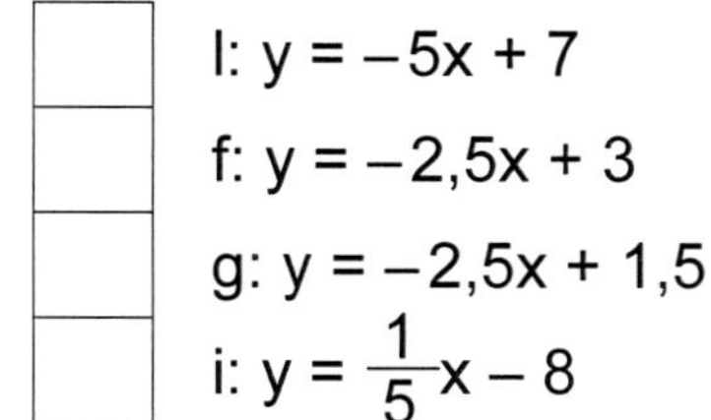

- ☐ l: $y = -5x + 7$
- ☐ f: $y = -2{,}5x + 3$
- ☐ g: $y = -2{,}5x + 1{,}5$
- ☐ i: $y = \frac{1}{5}x - 8$

Aufgabe 3: *Wie heißt die Normalform der Geraden* g: 4y = –2x + 8 ?

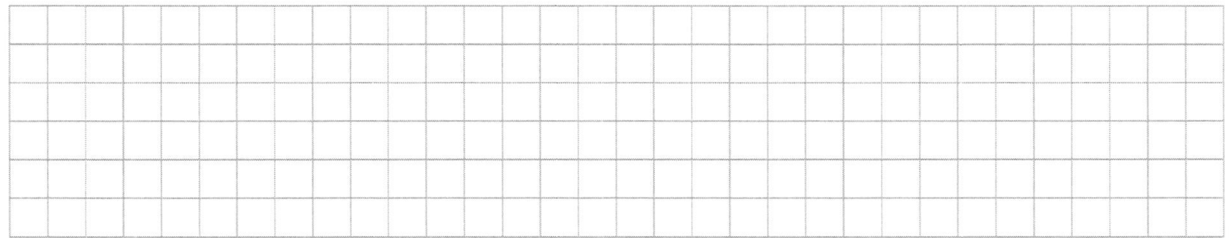

Aufgabe 4: *Patrick ist sich sicher, dass die Gerade* g_1: y = –3x + 5 *parallel zur Geraden* g_2: y = 3x + 5 *verläuft. Hat er recht? Begründen Sie.*

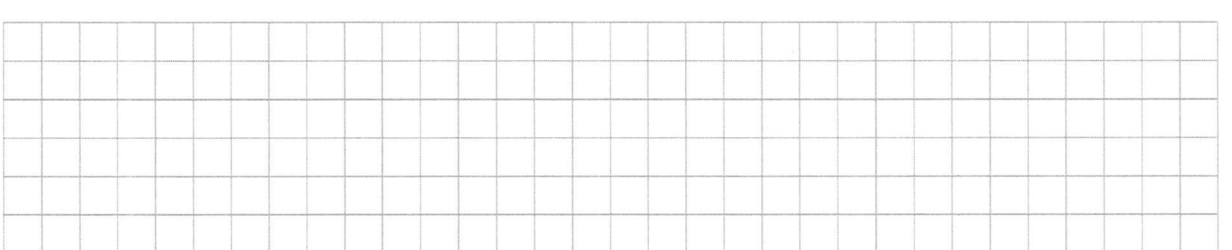

3 Lineare Funktionen

Aufgabe 5: *Welche Funktionsgleichung passt zur Zeichnung? Kreuzen Sie an.*

- [ ] $y = -1x + 0{,}5$
- [ ] $y = x - 0{,}5$
- [ ] $y = 0{,}5x + 1$
- [ ] $y = -0{,}5x + 1$

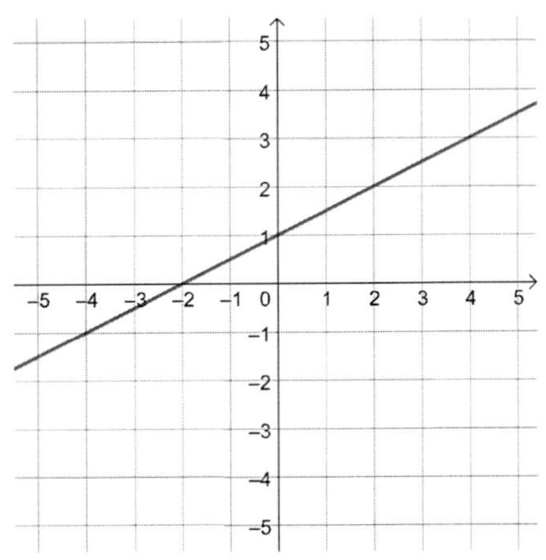

Aufgabe 6: *Welche Zeichnung stellt die Gerade* h: $y = -0{,}5x + 2$ *dar? Kreuzen Sie an.*

- [ ] A
- [ ] B
- [ ] C
- [ ] D

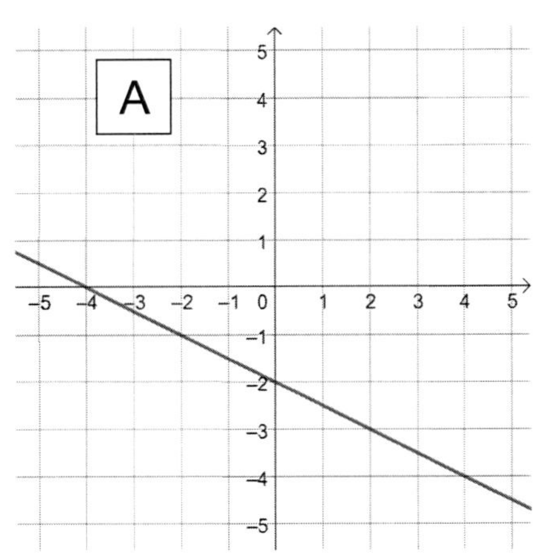

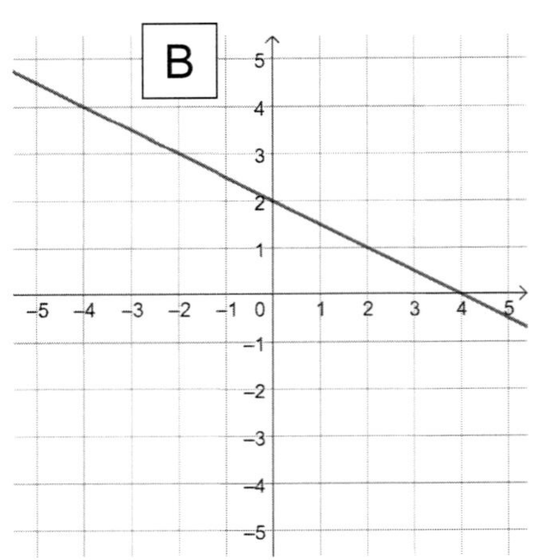

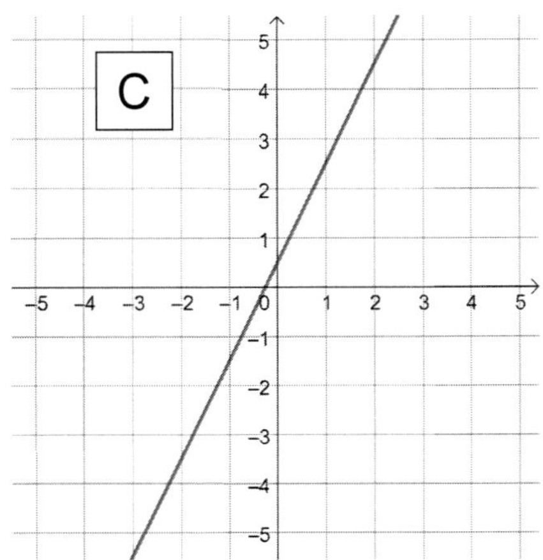

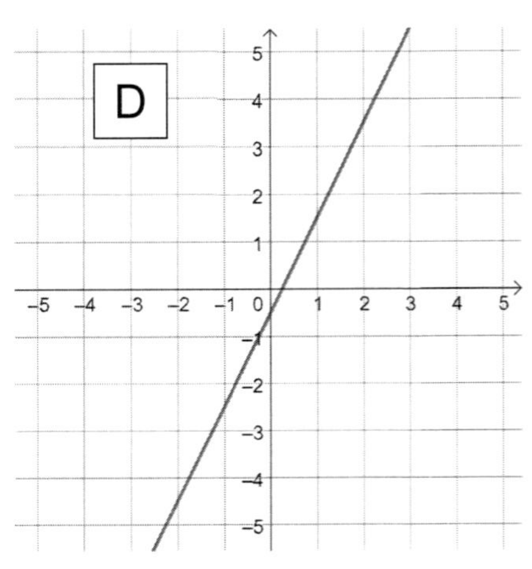

3 Lineare Funktionen

Aufgabe 7: *Wie heißt die Nullstelle der Geraden* f: y = 6x – 3? *Kreuzen Sie an.*

- ☐ N(0I2)
- ☐ N(0I0,5)
- ☐ N(2I0)
- ☐ N(0,5I0)

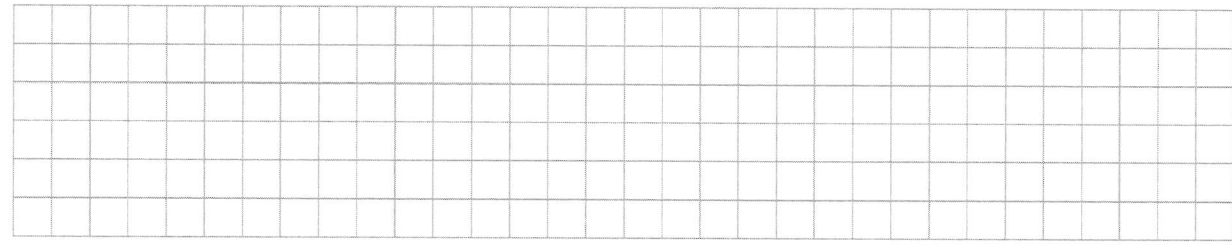

Aufgabe 8: *Petra behauptet: „Die Gerade* e: y = –1,5x + 2,5 *fällt." Stimmt das? Begründen Sie.*

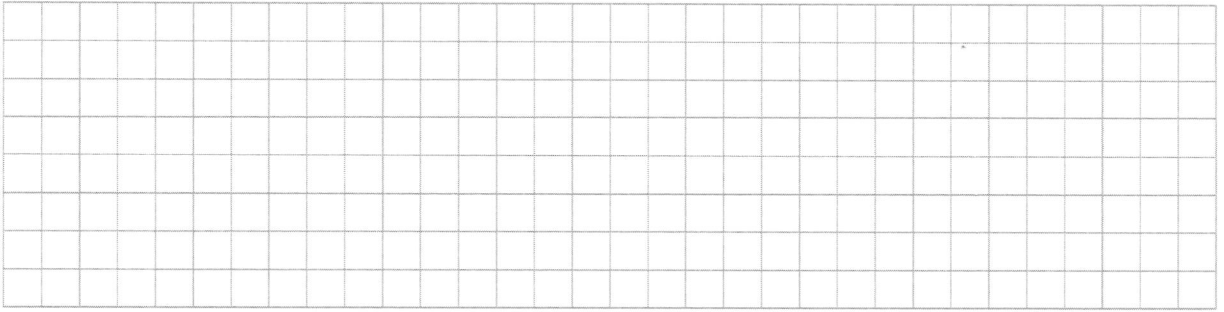

Aufgabe 9: *Die Gerade* i: y = 2,5x – 1 *wird an der x-Achse gespiegelt. Wie heißt die neu entstandene Gerade? Kreuzen Sie an.*

- ☐ i': y = –2,5x + 1
- ☐ i': y = –2,5x – 1
- ☐ i': y = 2,5x + 1
- ☐ i': y = –5,2x + 1
- ☐ i': y = –5,2x – 1
- ☐ i': y = 5,2x + 1

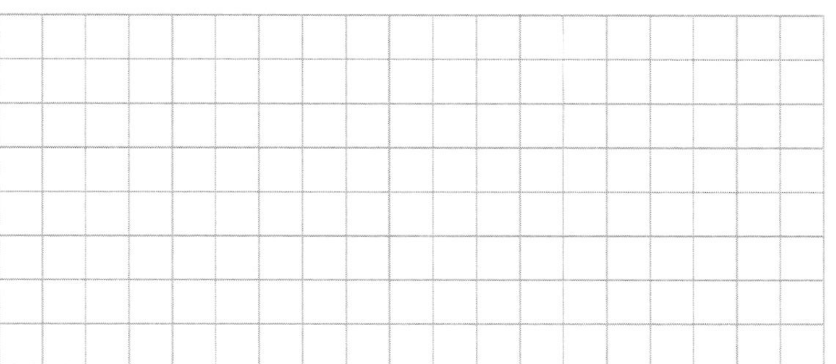

KOHL VERLAG Lernen mit Erfolg
A1-Aufgaben in der Mathematik
Vorbereitung für den hilfsmittelfreien Teil der Realschulprüfung – Bestell-Nr. 13 055

3 Lineare Funktionen

Aufgabe 10: *Finden Sie den Fehler bei folgender Rechnung. Unterstreichen Sie die Zeile mit dem Fehler und verbessern Sie ab da den weiteren Rechenweg.*

$3{,}5x - 2 = 4x + 7$
$3{,}5x + 5 = 4x$
$5 = 0{,}5x$
$10 = x$

$3{,}5 \cdot 10 - 2 = 33$
→ S(10|33)

Aufgabe 11: *Die Gerade* j: $y = 2x + 1$ *wird an der y-Achse gespiegelt. Wie heißt die neu entstandene Gerade? Kreuzen Sie an.*

- ☐ j': $y = 2x - 1$
- ☐ j': $y = -2x - 1$
- ☐ j': $y = -2x + 1$

Aufgabe 12: *Welche Punkte liegen auf der Geraden* g: $y = 5x - 3{,}5$ *? Kreuzen Sie an.*

- ☐ P(5,5|2)
- ☐ Q(3|4,5)
- ☐ R(0,7|0)
- ☐ S(2|6,5)

Aufgabe 13: *Andrea behauptet: „Der Punkt* P(1|2) *liegt auf der Geraden* d: $y = -4x + 2$.*“ Stimmt das? Begründen Sie.*

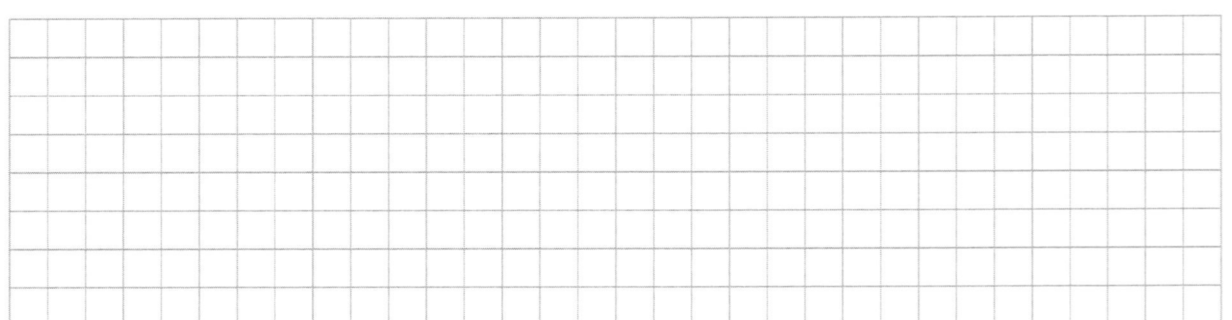

Lineare Funktionen

Aufgabe 14: *Welche Gerade steht auf der Geraden* g: y = 0,75x + 1 *senkrecht? Kreuzen Sie an.*

- [ ] h: $y = 0{,}75x + 3$
- [ ] i: $y = -\frac{4}{3}x + 2$
- [ ] k: $y = 1\frac{1}{3}x - 3$
- [ ] l: $y = 0{,}75x - 3$

Aufgabe 15: *Welchen Aussagen stimmen? Kreuzen Sie an.*

- [ ] a) Zwei Geraden stehen senkrecht aufeinander, wenn sie den gleichen Steigungsfaktor haben.
- [ ] b) Die Gerade g: $y = -2x + 5$ steigt.
- [ ] c) Die Gerade h: $y = 2{,}25x - 3$ verläuft parallel zur Geraden i: $y = 2{,}25x + 3$.
- [ ] d) Die Gerade f: $y = 4{,}5$ verläuft parallel zur x-Achse.

Aufgabe 16: *Wie berechnet man den Schnittpunkt zweier Geraden? Erklären Sie.*

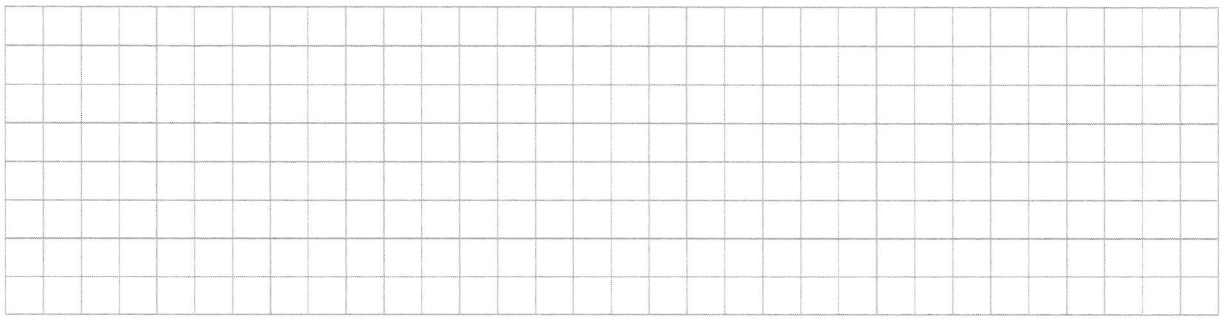

A1-Aufgaben in der Mathematik
Vorbereitung für den hilfsmittelfreien Teil der Realschulprüfung – Bestell-Nr. 13 055
KOHL VERLAG

4 Wachstum

Aufgabe 1: *Skizzieren Sie je einen möglichen Graphen, der folgendes darstellt:*

a) lineares Wachstum

b) exponentielles Wachstum

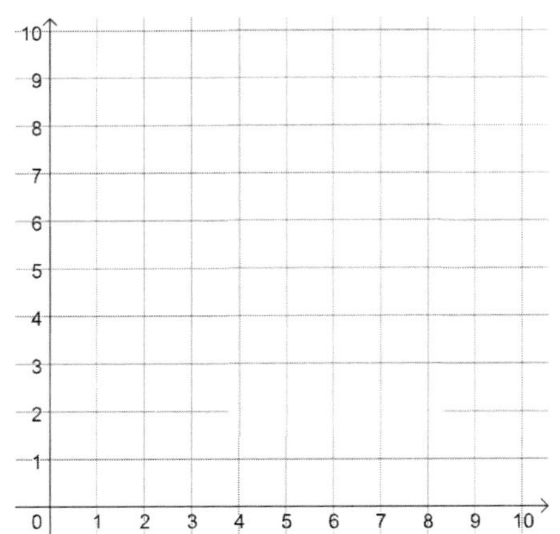

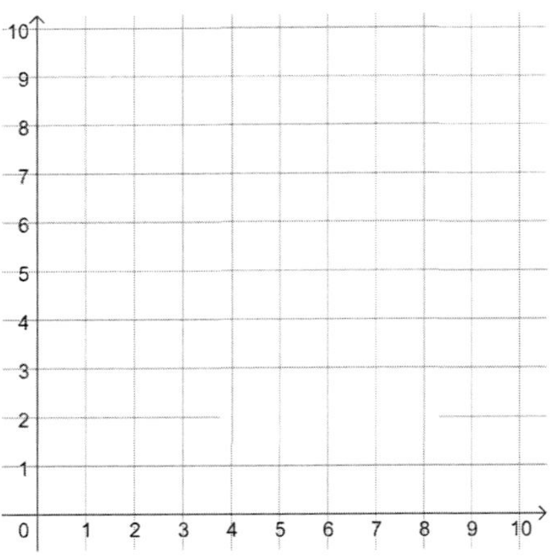

Aufgabe 2: *Bei welchen Sachverhalten handelt es sich um exponentielles Wachstum? Kreuzen Sie an.*

- [ ] Täglich verdoppelt sich die Anzahl der Seerosen in einem Teich.
- [ ] Ein Taxi verlangt 8 € Festpreis plus für jeden gefahrenen Kilometer 1,80 €.
- [ ] Das eingesetzte Kapital vermehrt sich jährlich um 2,5 %.
- [ ] Jeden Tag wächst die Schneedecke um 2 cm.

Aufgabe 3: *Skizzieren Sie zu den folgenden Sachverhalten einen Graphen und beschriften Sie die Achsen:*

a) Ein Bakterienstamm verdoppelt sich alle 10 min. Zu Beginn sind es 100 Bakterien.

b) Eine Taxifahrt kostet 10 € Grundpreis und pro gefahrenen Kilometer 2 €.

Anzahl der Bakterien

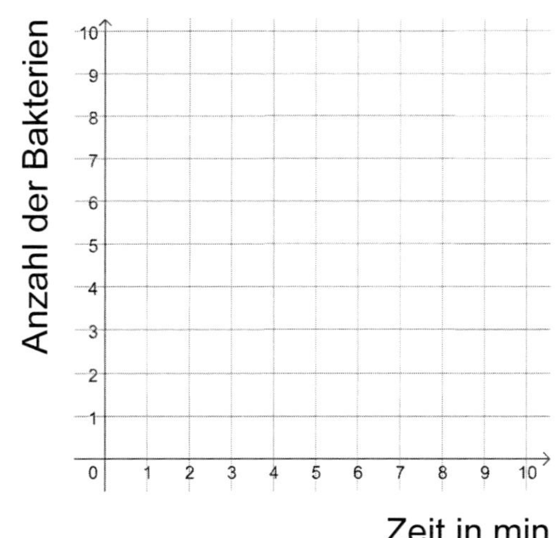

Zeit in min

Kosten in €

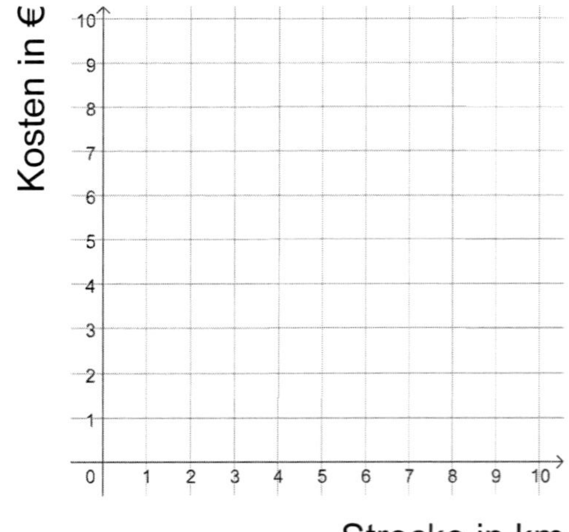

Strecke in km

4 Wachstum

Aufgabe 4: Zwei Taxiunternehmen werden miteinander verglichen:

Taxi Schmid	Taxi Huber
1,80 € pro gefahrenen Kilometer	2 € pro gefahrenen Kilometer
10 € Grundpreis	8 € Grundpreis

a) *Notieren Sie eine Funktionsgleichung für das Angebot von Taxi Schmid.*

b) *Berechnen Sie die Kosten für 20 gefahrene Kilometer mit Taxi Huber.*

Aufgabe 5: Fall 1:
Die 14-jährige Yana möchte im 1. Jahr jeden Monat 10 € Taschengeld. Sie fordert, dass sich das Taschengeld jedes Jahr verdoppelt.

Fall 2:
Der 14-jährige Muhammad wünscht sich im 1. Jahr monatlich 20 € Taschengeld. Er möchte jedes Jahr 10 € mehr.

a) *Lineares oder exponentielles Wachstum?*
Ordnen Sie jedem Fall das passende Wachstum zu.

Fall 1: ____

Fall 2: ____

b) *Wie viel Taschengeld bekommen beide Kinder im Alter von 15 Jahren?*

c) *In welchem Alter bekommen beide Kinder den gleichen Betrag?*

KOHL VERLAG A1-Aufgaben in der Mathematik
Vorbereitung für den hilfsmittelfreien Teil der Realschulprüfung – Bestell-Nr. 13 055

4 Wachstum

Aufgabe 6: Ein Großraumtaxi kostet 8 € Grundpreis und pro gefahrenen Kilometer 1,50 €.

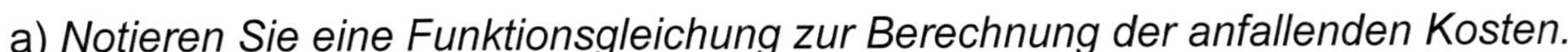

a) *Notieren Sie eine Funktionsgleichung zur Berechnung der anfallenden Kosten.*

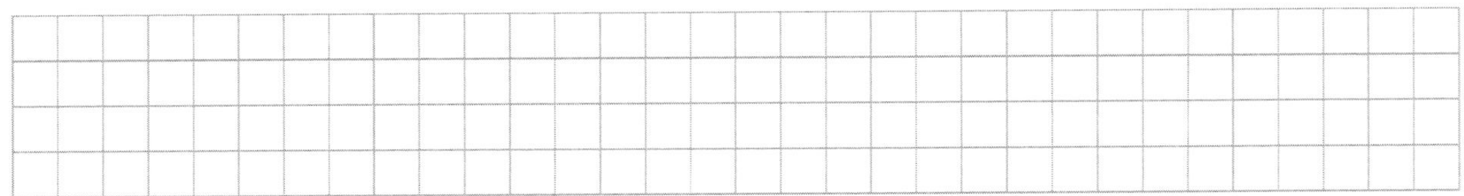

b) *Wie weit kann man für 23 € fahren?*

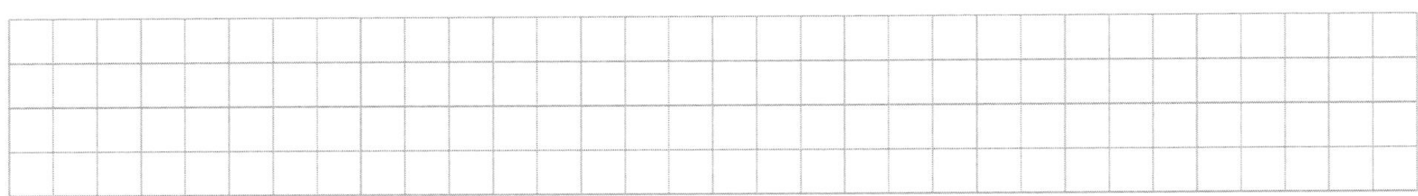

c) *Die Fahrgäste möchten 12 km fahren. Wie viel müssen Sie bezahlen?*

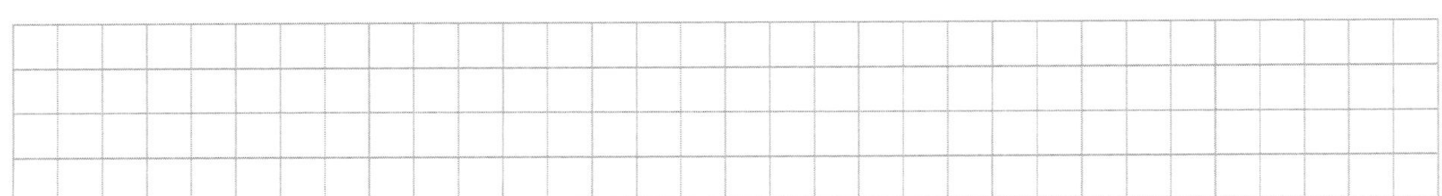

Aufgabe 7: *Die Bevölkerung schrumpft um 3 % jährlich. Berechnen Sie den Wachstumsfaktor q.*

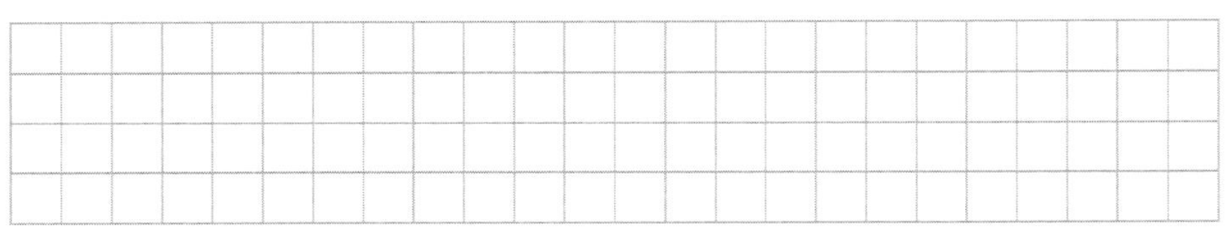

Aufgabe 8: *Richtig oder falsch? Kreuzen Sie an.*

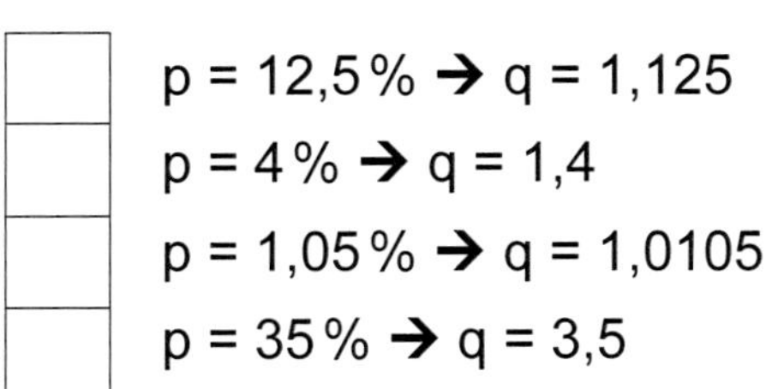

- ☐ p = 12,5 % → q = 1,125
- ☐ p = 4 % → q = 1,4
- ☐ p = 1,05 % → q = 1,0105
- ☐ p = 35 % → q = 3,5

Aufgabe 9: *Ein bei einer Bank angelegter Geldbetrag wächst jährlich um 2 %. Berechnen Sie den Wachstumsfaktor q.*

Aufgabe 10: *Richtig oder falsch? Kreuzen Sie an.*

- ☐ p = –12,5 % → q = 0,875
- ☐ p = 4 % → q = 0,6
- ☐ p = 1,05 % → q = 1,105
- ☐ p = 35 % → q = 1,35

5 Satz des Pythagoras / Höhen- und Kathetensatz

Aufgabe 1: *Simon behauptet: „Man kann in jedem beliebigen Dreieck den Satz des Pythagoras anwenden." Liegt Simon mit seiner Behauptung richtig? Begründen Sie.*

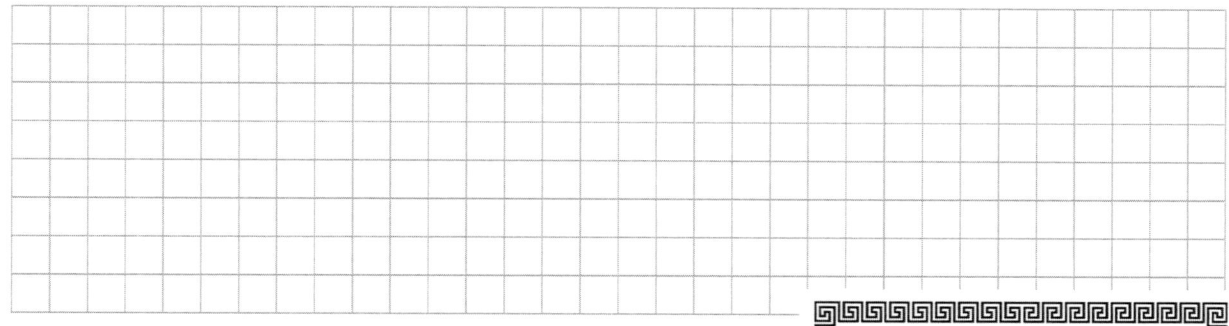

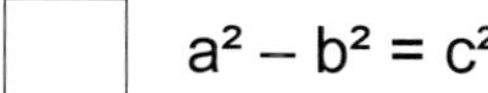

Aufgabe 2: *Kreuzen Sie die richtigen Formeln an.*

- ☐ $a^2 - b^2 = c^2$
- ☐ $c^2 - b^2 = a^2$
- ☐ $b^2 = c^2 - a^2$
- ☐ $c^2 = a^2 + b^2$

Aufgabe 3: *Beschriften Sie folgendes Dreieck mit A, B, C, a, b, c sowie den Begriffen Hypotenuse und Kathete.*

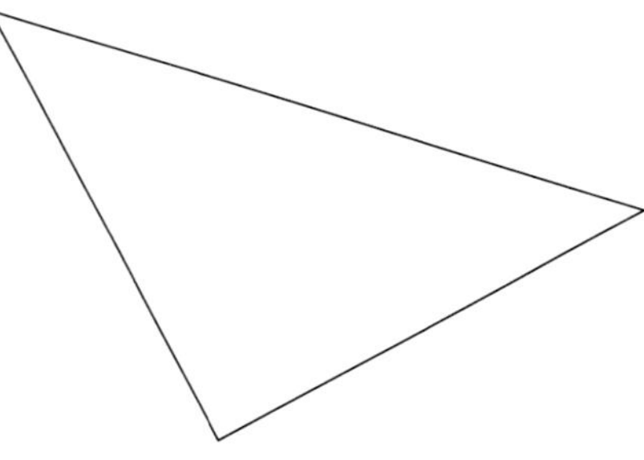

Aufgabe 4: *Notieren Sie den Satz des Pythagoras für Dreiecke mit anderen Seitenbezeichnungen.*

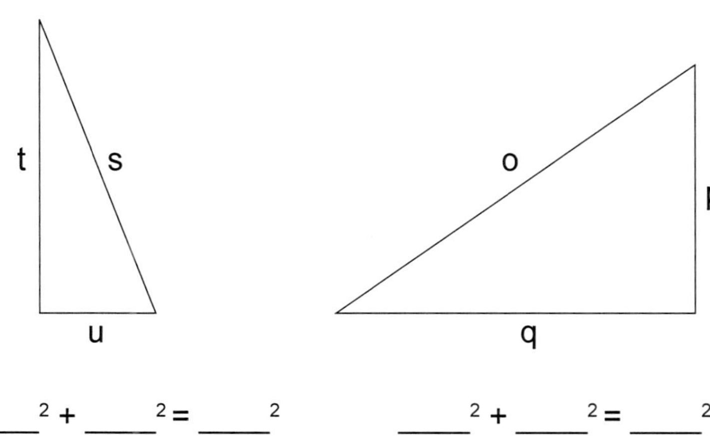

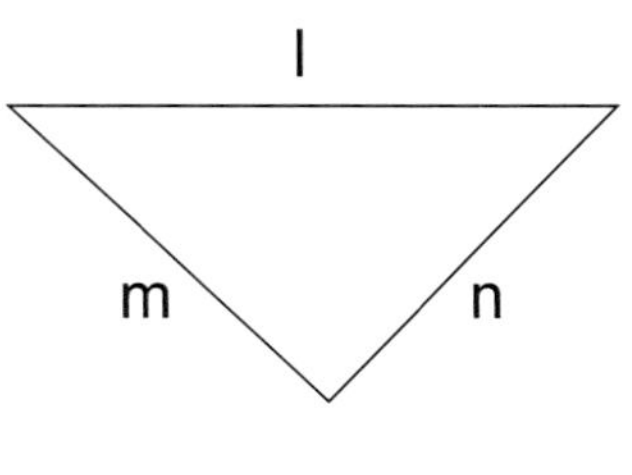

$\_\_\_^2 + \_\_\_^2 = \_\_\_^2$ $\quad$ $\_\_\_^2 + \_\_\_^2 = \_\_\_^2$ $\quad$ $\_\_\_^2 + \_\_\_^2 = \_\_\_^2$

A1-Aufgaben in der Mathematik
Vorbereitung für den hilfsmittelfreien Teil der Realschulprüfung – Bestell-Nr. 13 055
KOHL VERLAG

5 Satz des Pythagoras / Höhen- und Kathetensatz

Aufgabe 5: *Hier sind bei der Beschriftung Fehler unterlaufen. Verbessern Sie und erklären Sie, worin der Fehler liegt.*

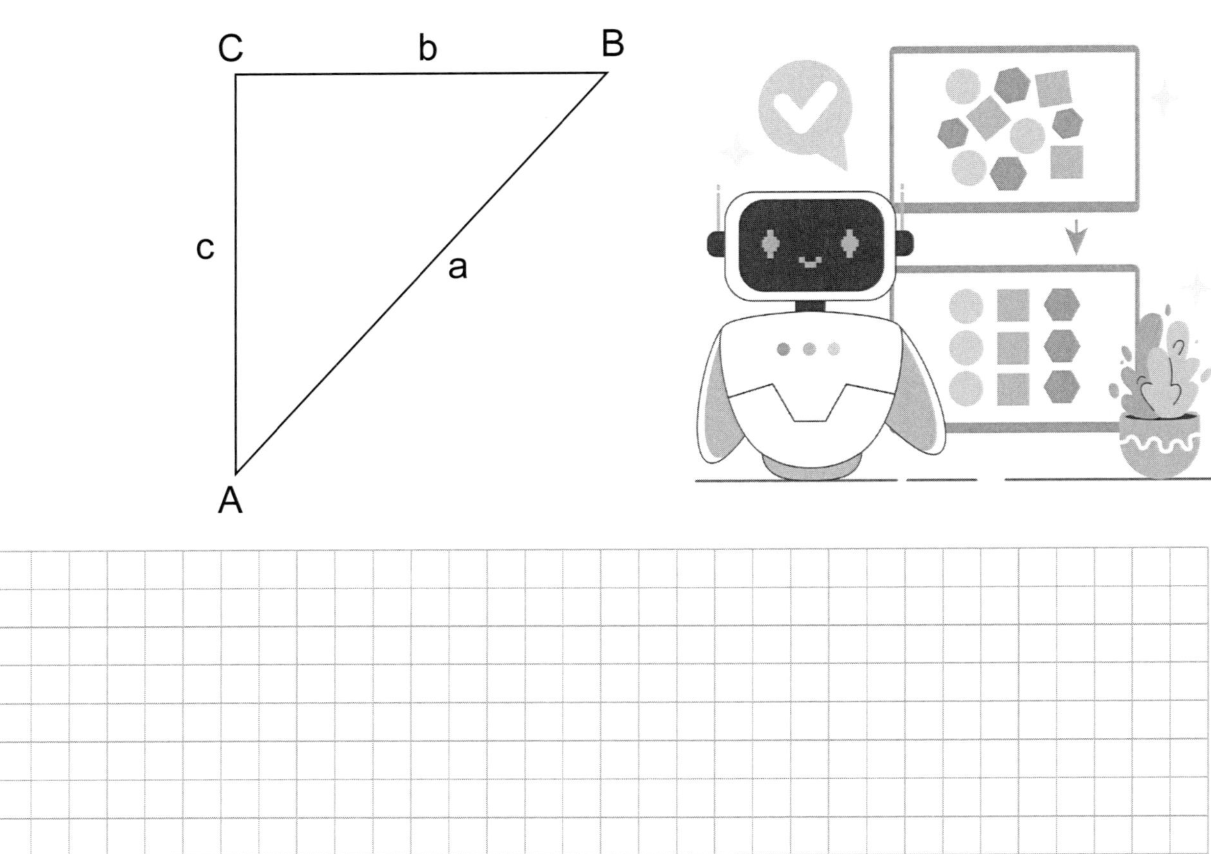

Aufgabe 6: *Quadrieren Sie jeweils a, b und c und finden Sie so heraus, ob die Dreiecke mit den folgenden Maßen rechtwinklig sind oder nicht.*

	rechtwinklig	nicht rechtwinklig
a = 6 cm; b = 9 cm; c = 10 cm		
a = 14 cm; b = 7 cm; c = 12 cm		
a = 4 cm; b = 3 cm; c = 5 cm		

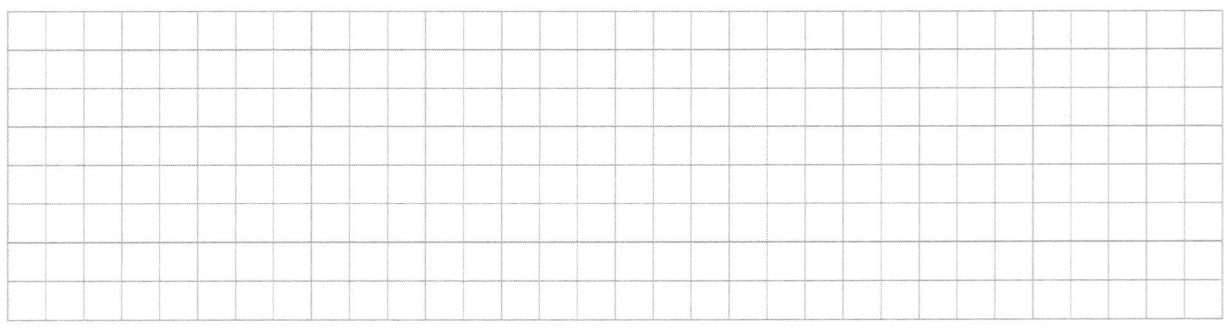

5 Satz des Pythagoras / Höhen- und Kathetensatz

Aufgabe 7: *Zwei Seitenlängen eines rechtwinkligen Dreiecks sind vorgegeben. Berechnen Sie den Flächeninhalt des Quadrates über der dritten Seite.*

a) $a = 6$ cm; $b = 3$ cm; $c^2 =$

b) $a = 4$ cm; $b = 5$ cm; $c^2 =$

c) $a = 7$ cm, $b = 2$ cm; $c^2 =$

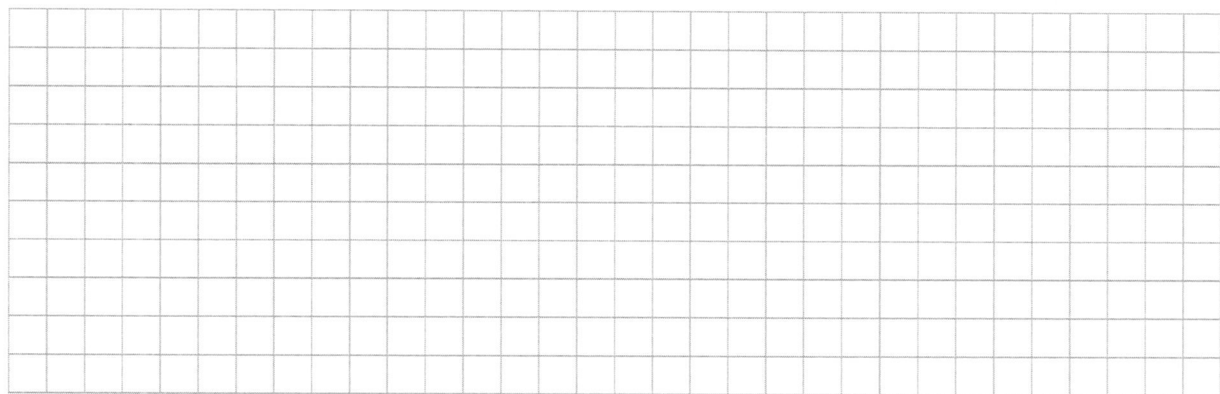

Aufgabe 8: *Berechnen Sie mit Hilfe des Satzes des Pythagoras.*

a) $a = 9$ cm; $b = 12$ cm; $c = ?$ cm

b) $a = ?$ cm; $b = 5$ cm; $c = 13$ cm

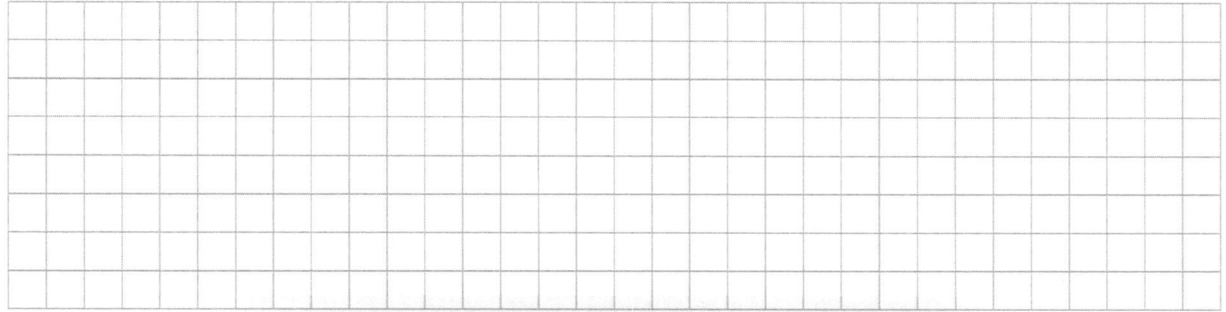

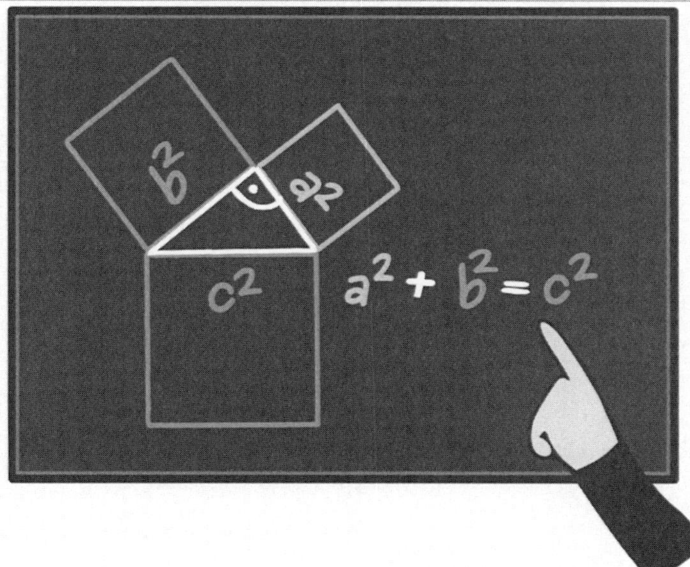

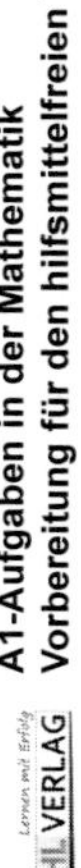
A1-Aufgaben in der Mathematik
Vorbereitung für den hilfsmittelfreien Teil der Realschulprüfung – Bestell-Nr. 13 055
KOHL VERLAG

5 Satz des Pythagoras / Höhen- und Kathetensatz

Höhen- und Kathetensatz

Aufgabe 9: *Mykhailo behauptet: „Für jedes rechtwinklige Dreieck gilt: Das Quadrat über der Hypotenuse ist flächengleich zum Rechteck aus der Kathete und dem anliegenden Hypotenusenabschnitt.“ Ist seine Behauptung richtig? Begründen Sie.*

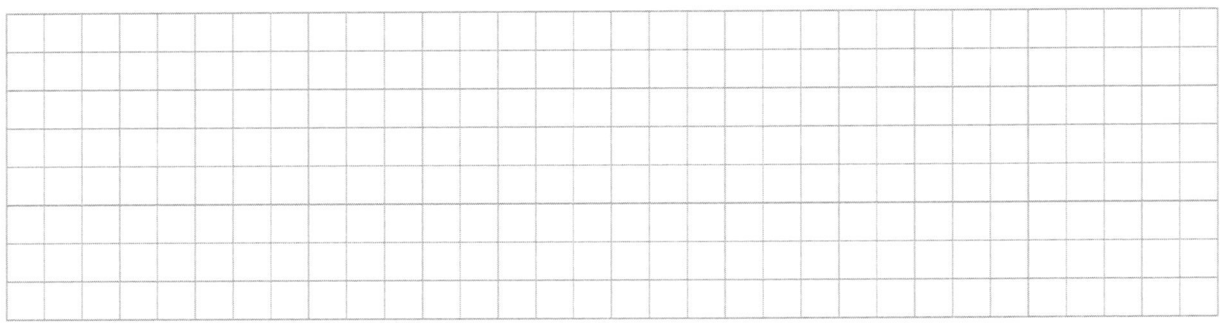

Aufgabe 10: *Kreuzen Sie die richtigen Formeln an.*

- ☐ $c = \frac{a^2}{p}$
- ☐ $a^2 = c \cdot q$
- ☐ $b = c \cdot q$
- ☐ $c = \frac{q}{b^2}$
- ☐ $b^2 = c \cdot q$

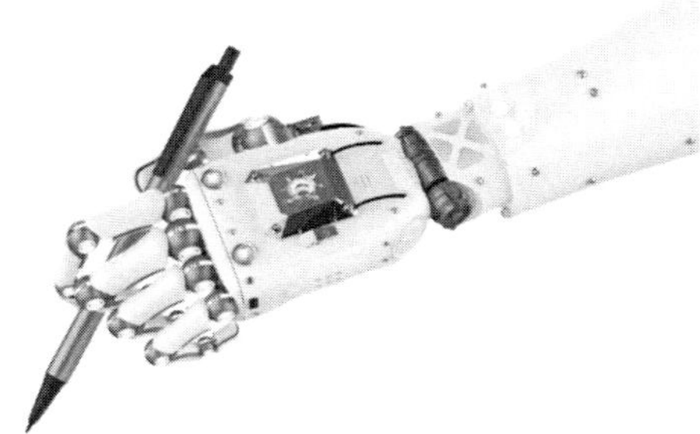

Aufgabe 11: *Schauen Sie sich die Grafik genau an. Wie berechnet man c am schnellsten? Kreuzen Sie die richtigen Antworten an.*

- ☐ $c = p - 2q$
- ☐ $c = u - a - b$
- ☐ $c = 2p - q$
- ☐ $c = p + q$
- ☐ $c = p - q$

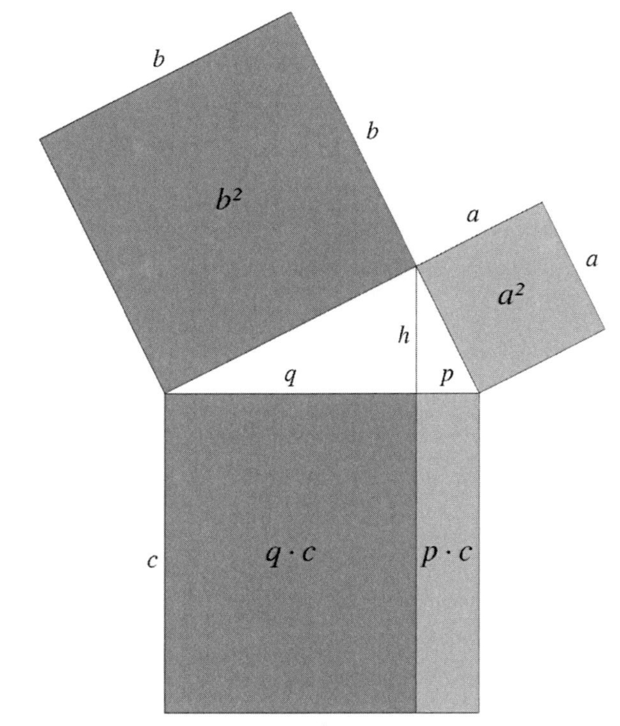

5 Satz des Pythagoras / Höhen- und Kathetensatz

Aufgabe 12: *Formen Sie folgende Formeln um:*

a) $a^2 = c \cdot p$ nach c

b) $b^2 = c \cdot q$ nach q

c) $c = p + q$ nach p

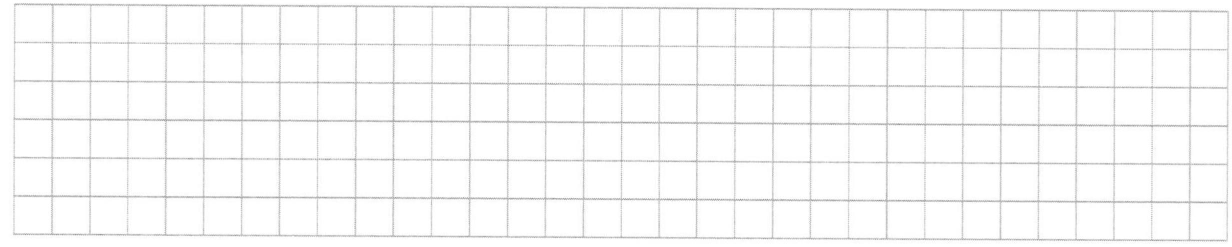

Aufgabe 13: *Formulieren Sie jeweils den Höhen- und den Kathetensatz (besteht aus 2 Teilen) zu folgenden Dreiecken.*

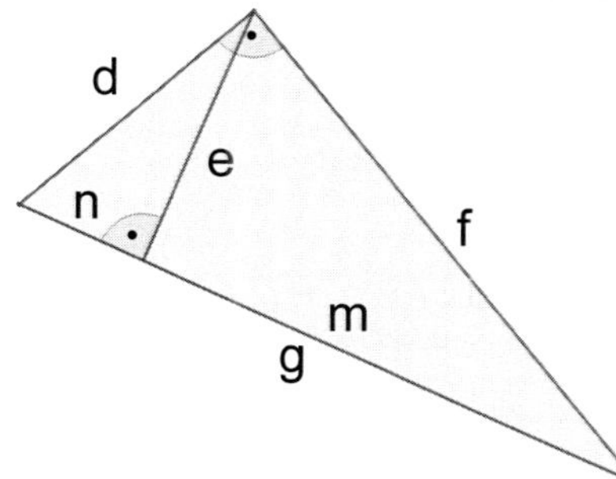

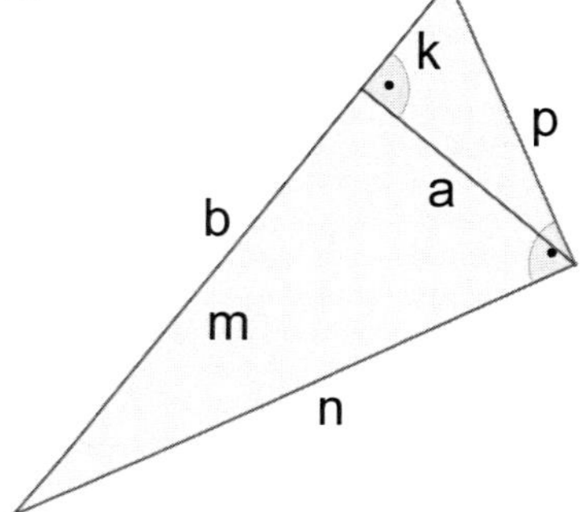

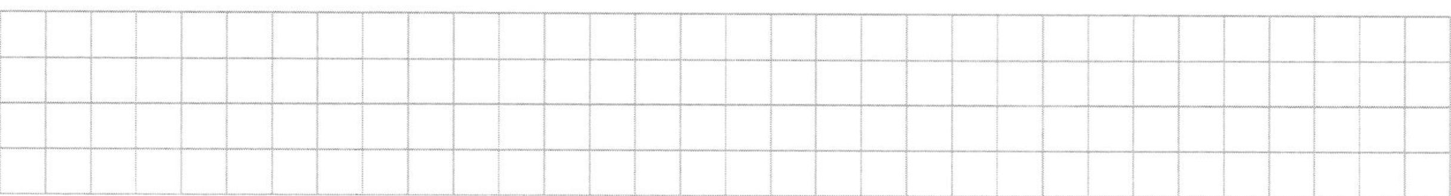

Aufgabe 14: *Sehen Sie sich folgende Grafik genau an. Kreuzen Sie die richtige Rechnung an.*

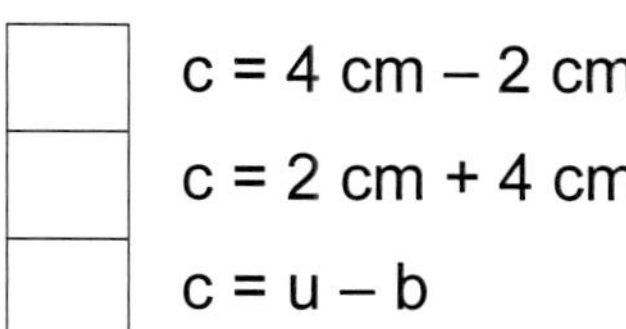

- [ ] c = 4 cm – 2 cm
- [ ] c = 2 cm + 4 cm
- [ ] c = u – b

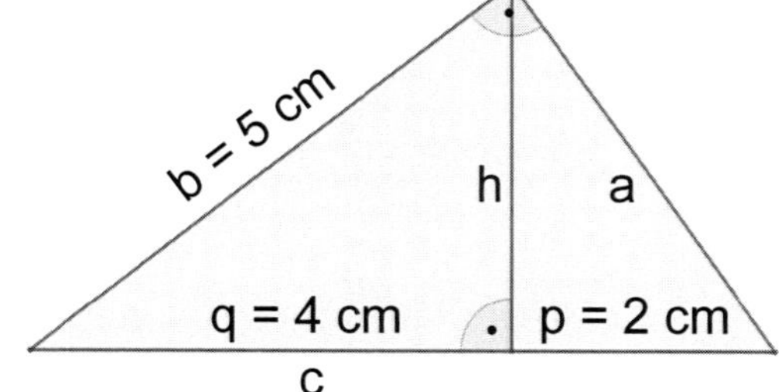

Aufgabe 15: *Von einem Dreieck sind die Hypotenuse, eine Kathete sowie der anliegende Hypotenusenabschnitt bekannt:* c = 6 cm; a = 5 cm; p = 3 cm *Überprüfen Sie mithilfe des Kathetensatzes, ob es sich um ein rechtwinkliges Dreieck handelt.*

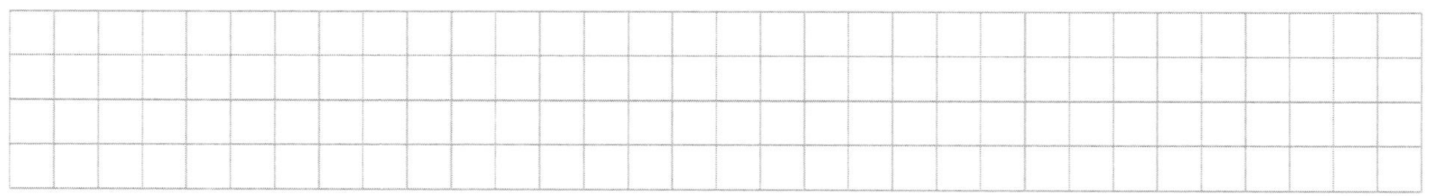

A1-Aufgaben in der Mathematik
Vorbereitung für den hilfsmittelfreien Teil der Realschulprüfung – Bestell-Nr. 13 055
KOHL VERLAG

6 Trigonometrie

Aufgabe 1: *Wie groß ist* sin 53°*? Lösen Sie zeichnerisch am Einheitskreis.*

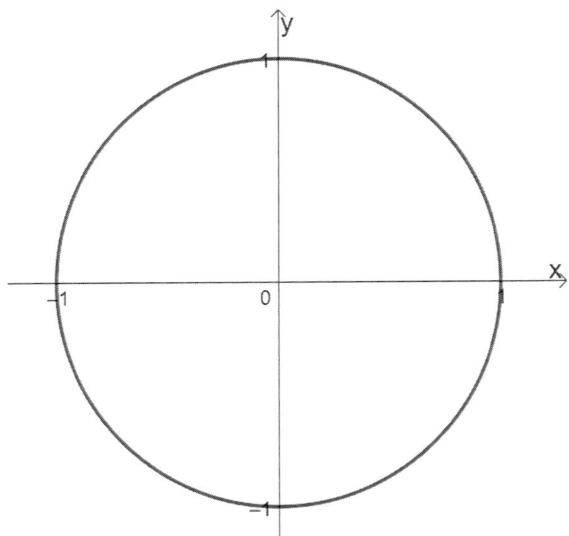

Aufgabe 2: *Der Cosinus des Winkels α beträgt 0,5;* cos α = 0,5
Wie groß ist α? Lösen Sie zeichnerisch am Einheitskreis.

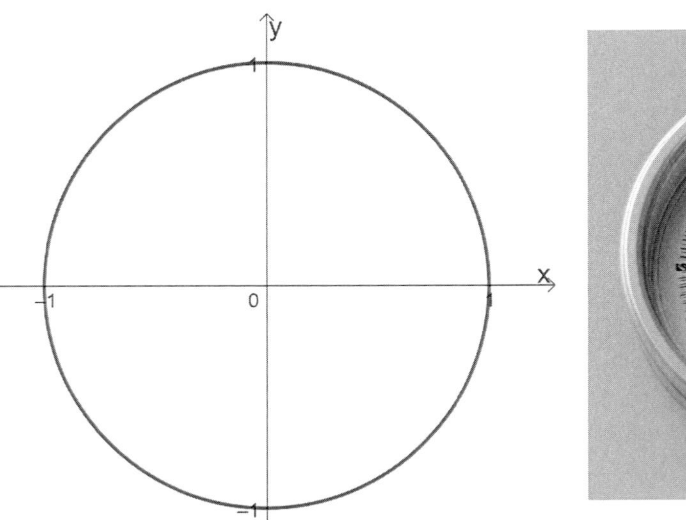

Aufgabe 3: *Zeigen Sie am Einheitskreis, für welche Winkel gilt:* sin α = –1

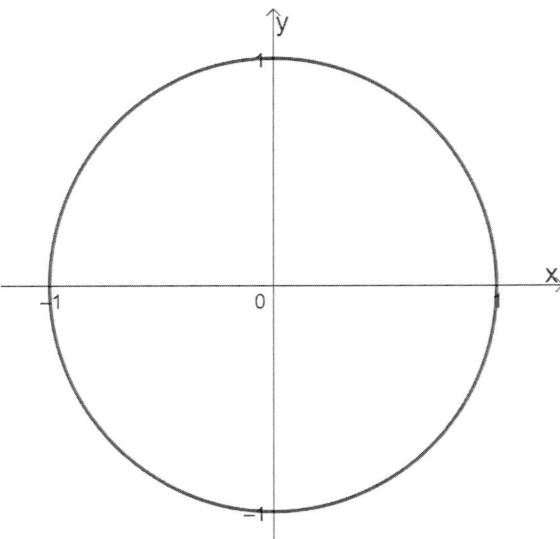

Aufgabe 4: *Handelt es sich hierbei um ein rechtwinkliges Dreieck? Begründen Sie.*

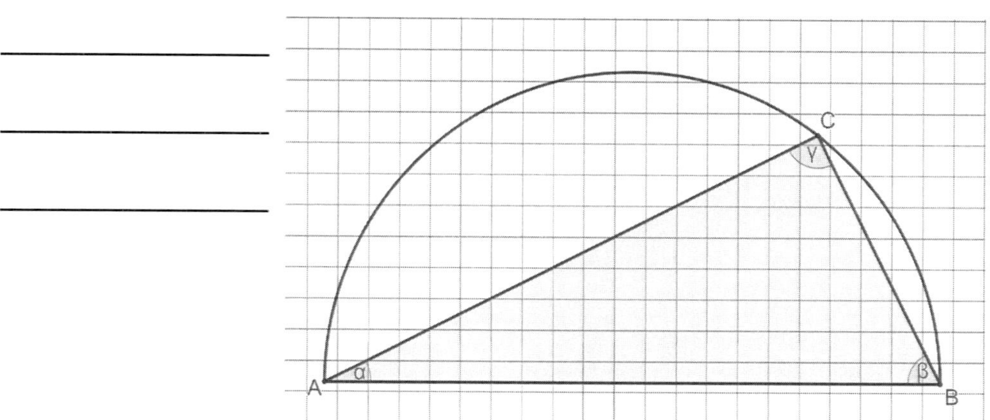

Aufgabe 5: Der Höhensatz des Euklid lautet: $h^2 = p \cdot q$
Der Flächeninhalt welchen Dreiecks lässt sich damit berechnen?
Begründen Sie Ihre Wahl.

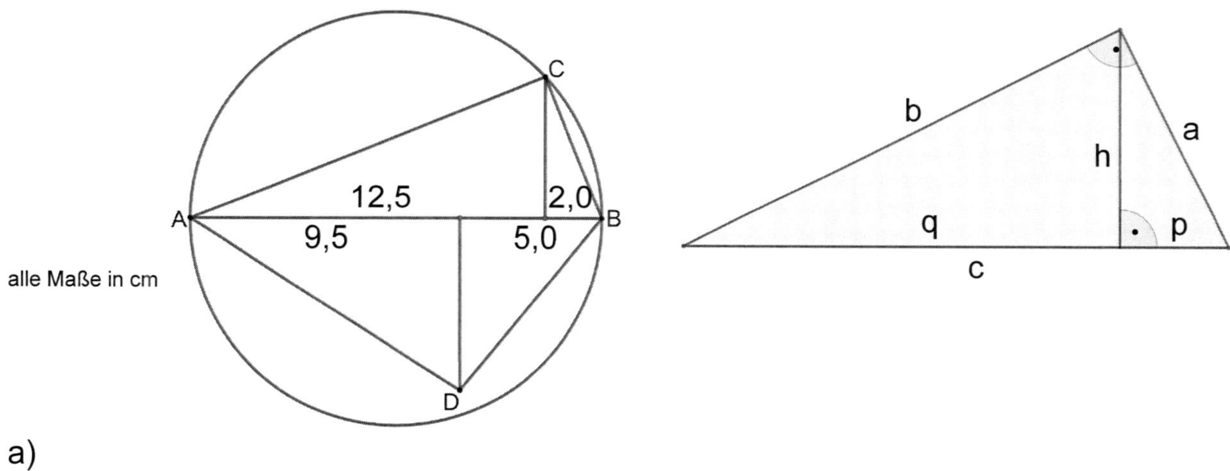

a)

b) *Berechnen Sie den Flächeninhalt.*

KOHL VERLAG A1-Aufgaben in der Mathematik
Vorbereitung für den hilfsmittelfreien Teil der Realschulprüfung – Bestell-Nr. 13 055

7 Kugeln

Aufgabe 1: *Welche Formel gehört wozu? Verbinden Sie.*

	$d^2 \cdot \pi$
Flächeninhalt Kreis	$\frac{1}{2} r \cdot \pi$
Volumen Kugel	$\frac{4}{3} \cdot \pi \cdot r^3$
	$2r \cdot \pi$
Umfang Kreis	$r^2 \cdot \pi$
Oberfläche Kugel	$4 \cdot \pi \cdot r^2$
	$d \cdot \pi$

Aufgabe 2: *Welche Formel gehört wozu? Verbinden Sie.*

	$r^2 \cdot \pi \cdot h$
Volumen Zylinder	$\frac{1}{2} r \cdot \pi$
Volumen Kugel	$d^2 \cdot \pi$
	$2r \cdot \pi$
Mantelfläche Zylinder	$\frac{4}{3} \cdot \pi \cdot r^3$
Oberfläche Kugel	$4 \cdot \pi \cdot r^2$
	$d \cdot \pi \cdot h$

7 Kugeln

Aufgabe 3: *Um welchen Faktor vervielfacht sich das Volumen einer Kugel mit Radius 4 cm im Vergleich zu einer Kugel mit Radius 2 cm?*

____

Aufgabe 4: *Der Radius einer Kugel wird verdreifacht. Wie verändert sich das Volumen?* ______________________

Aufgabe 5: *Der Radius einer Kugel wird verdoppelt. Wie verändert sich das Volumen?* ______________________

Aufgabe 6: *Vergleich Oberflächeninhalt Kugel und Würfel: Welcher Oberflächeninhalt ist größer: der einer Kugel mit Durchmesser 3 dm oder der eines Würfels mit der Kantenlänge 3 dm? Begründen Sie.*

$$V_{Kugel} = \frac{4}{3} \cdot \pi \cdot r^3$$

$$V_{Kugel} = \frac{1}{6} \cdot \pi \cdot d^3$$

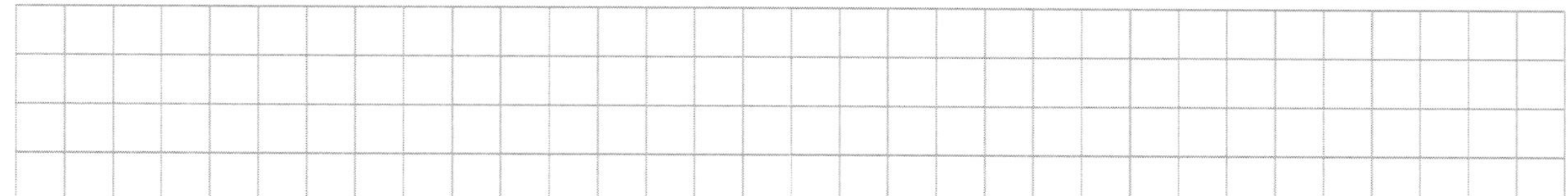

Aufgabe 7: *Welches Volumen ist größer?*

(1) Würfel mit Kantenlänge 2 dm
(2) Kugel mit Durchmesser 2 dm

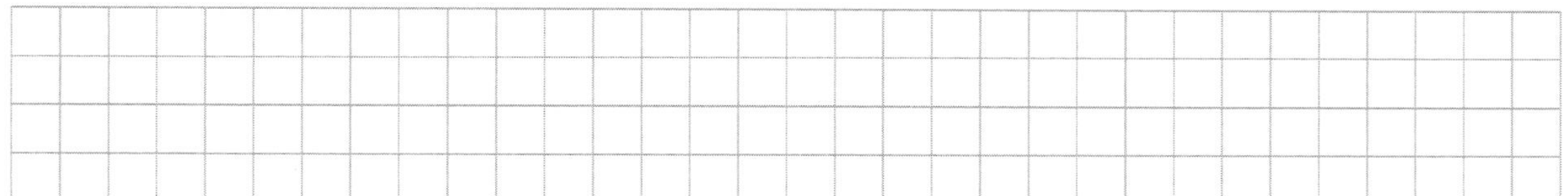

Aufgabe 8: *Streichen Sie falsche Aussagen für Kugeln durch.*

a) Die Oberfläche berechnet man durch Durchmesser mal Durchmesser.
b) Die Kugel besitzt nur eine Fläche.
c) Die Raumdiagonalen nennt man Durchmesser.

Aufgabe 9: *Osmium gilt als das schwerste Edelmetall der Welt mit einer Dichte $\rho = 22{,}59\ g/cm^3$. Könnten Sie eine Kugel aus Osmium mit d = 20 cm tragen? Rechnen Sie näherungsweise.*

8 Binomische Formeln

Aufgabe 1: *Berechnen Sie.* $(3x + 7)(3x - 7) =$

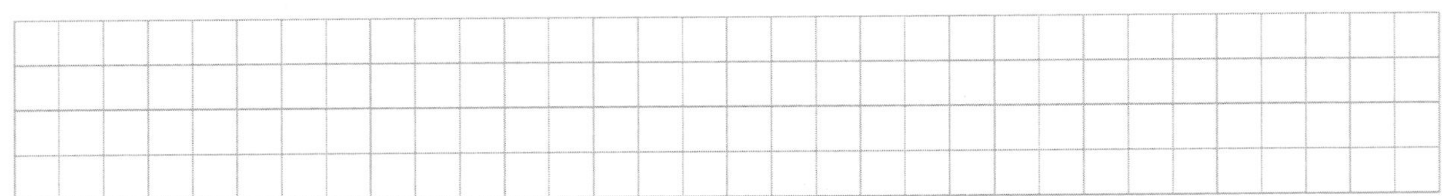

Aufgabe 2: *Welches Ergebnis ist richtig? Kreuzen Sie an.*

- ☐ $(11a - 6b)^2 = 121a^2 - 132ab - 36b^2$
- ☐ $(11a - 6b)^2 = 121a^2 + 132ab + 36b^2$
- ☐ $(11a - 6b)^2 = 121a^2 + 132ab - 36b^2$
- ☐ $(11a - 6b)^2 = 121a^2 - 132ab + 36b^2$

Aufgabe 3: *Berechnen Sie.* $(5 - z)^2 =$

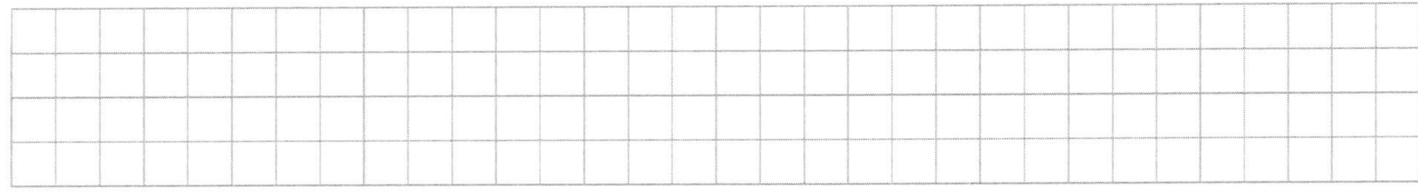

Aufgabe 4: *Notieren Sie vollständig.* (____x – ____ ____)² = 0,25x² ____ 7xy + 49y²

Aufgabe 5: *Berechnen Sie.* $(2a + 0{,}5)^2 =$

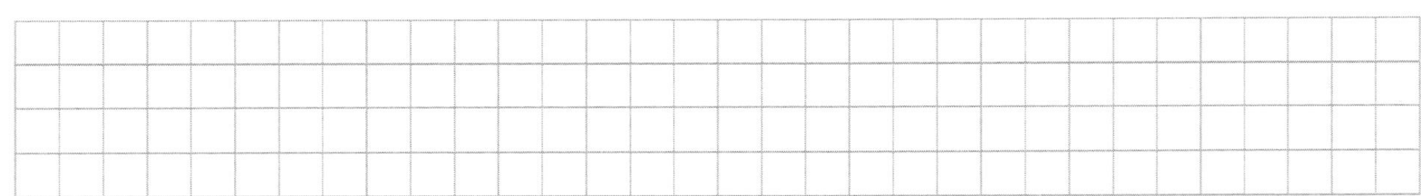

Aufgabe 6: *Hier sind Fehler enthalten. Berichtigen Sie.*

$(0{,}4m - 2n)^2 = 1{,}6m^2 + 1{,}6n - 4n^2$

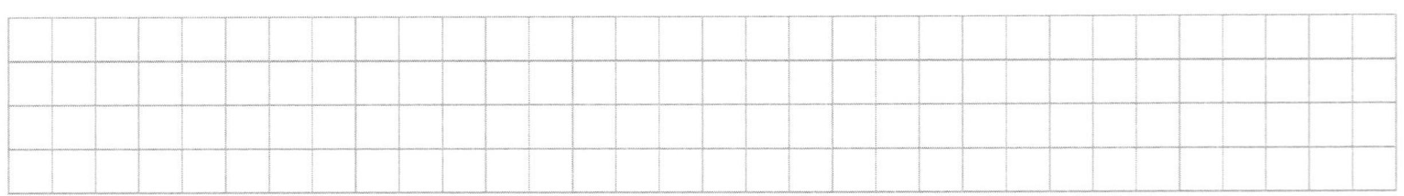

8 Binomische Formeln

Aufgabe 7: *Berechnen Sie.* $81x^2 - 144y^4 =$

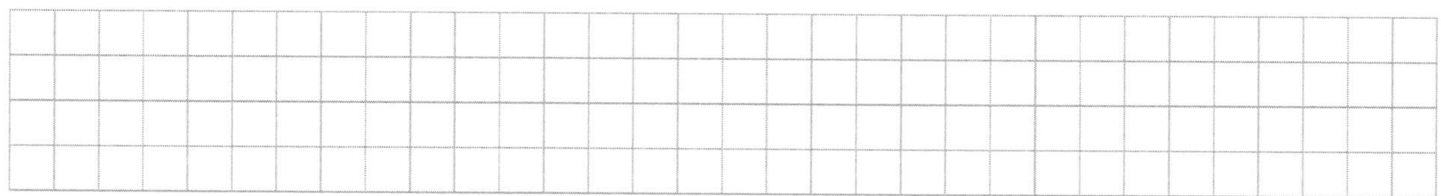

Aufgabe 8: *Schreiben Sie mit Klammern.* $\frac{1}{9}d^2 - \frac{1}{3}de + \frac{1}{4}e^2 =$

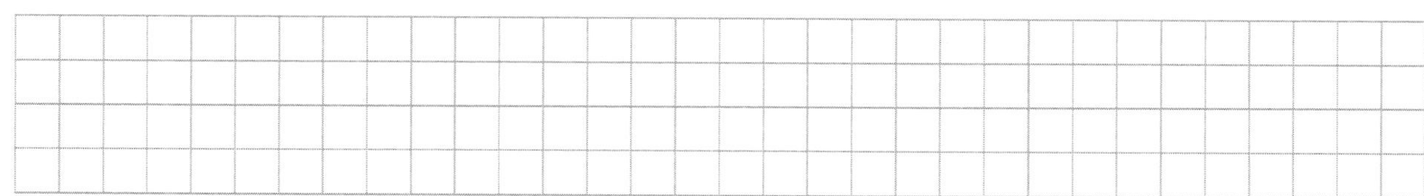

Aufgabe 9: *Notieren Sie vollständig.*

$(0{,}5z - \_\_\_\ \_\_\_)(0{,}5z + \_\_\_\ \_\_\_) = \_\_\_\ \_\_\_\ \_\_\_\ 16y^2$

Aufgabe 10: *Berechnen Sie.* $(0{,}7a + 9b^2)(0{,}7a + 9b^2) =$

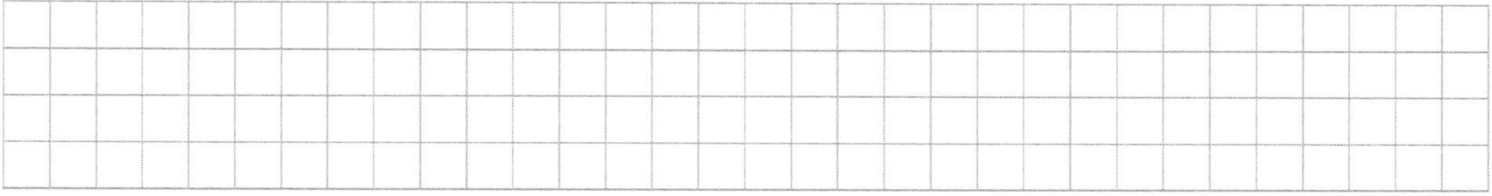

Aufgabe 11: *Ergänzen Sie zur binomischen Formel.*

$(0{,}3e + 5\_\_\_)^2 = \_\_\_\_\_\_\_\_\_ + \_\_\_\_\_\_\_ + \_\_\_\_\_f^2$

Aufgabe 12: *Berechnen Sie.* $(\frac{1}{4}x - 8z^2)(\frac{1}{4}x + 8z^2) =$

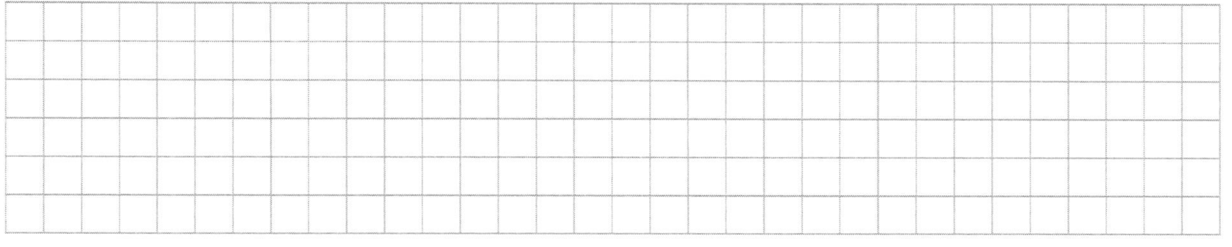

KOHL VERLAG Lernen mit Erfolg
A1-Aufgaben in der Mathematik
Vorbereitung für den hilfsmittelfreien Teil der Realschulprüfung – Bestell-Nr. 13 055

9 Zufallsexperimente

Aufgabe 1: Ein Fußballteam besteht aus 11 Spielern. Sie sind 42, 38, 36, 37, 38, 45, 35, 44, 39, 36, 40 Jahre alt.

a) *Bilden Sie eine aufsteigende Rangliste.*

b) *Bestimmen Sie den Median.*

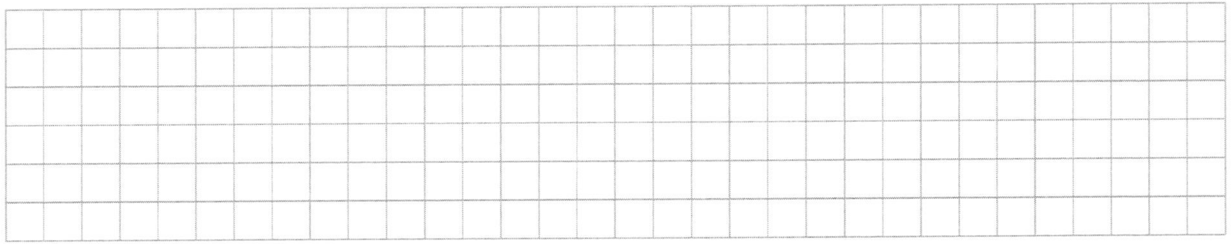

Aufgabe 2: Die Notenverteilung einer Kurzprobe im Fach Mathematik verhielt sich folgendermaßen:

Note	1	2	3	4	5	6
Anzahl	6	4	2	4	3	1

Notieren Sie die absolute und die relative Häufigkeit.

Noten	Absolute Häufigkeit	Relative Häufigkeit
1		
2		
3		
4		
5		
6		

Aufgabe 3: *Kreuzen Sie die Zufallsversuche an.*

- ☐ eine Spielkarte aus einem Stapel ziehen
- ☐ den Wasserkocher einschalten
- ☐ eine 2 €-Münze werfen
- ☐ ein Glas fallen lassen

9 Zufallsexperimente

Aufgabe 4: Ziehen einer Kugel „mit Zurücklegen“ oder „ohne Zurücklegen“. *Worin liegt der Unterschied? Beziehen Sie sich bei der Erklärung jeweils auf ein Baumdiagramm.*

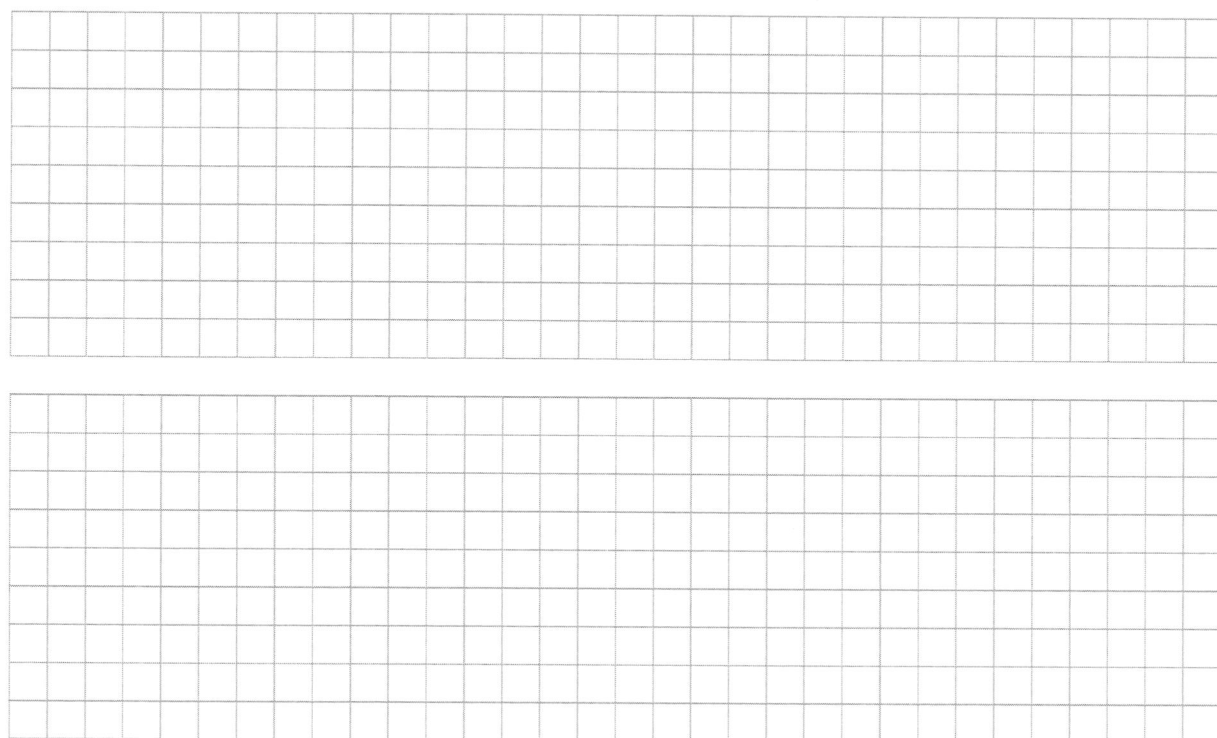

Aufgabe 5: *Ein Würfel wird einmal geworfen. Notieren Sie die Ereignisse.*

a) alle Zahlen, die durch 2 teilbar sind: ____________________

b) alle ungeraden Zahlen: ____________________

c) alle Zahlen, die durch 3 teilbar sind: ____________________

d) höchstens die Zahl 4: ____________________

Aufgabe 6: *In einer Lostrommel befinden sich 20 Lose mit den Nummern 1 bis 20. Aus der Lostrommel wird ein Los gezogen. Bestimmen Sie die Wahrscheinlichkeit, dass das Los …*

a) mindestens die Nummer 5 hat: ____

b) durch 4 teilbar ist: ____

c) keine Primzahl ist: ____

d) höchstens die Nummer 8 hat: ____

A1-Aufgaben in der Mathematik
Vorbereitung für den hilfsmittelfreien Teil der Realschulprüfung – Bestell-Nr. 13 055
KOHL VERLAG

9 Zufallsexperimente

Aufgabe 7: In einer Urne befinden sich zwei rote und vier violette Kugeln. Es werden zwei Kugeln nacheinander ohne Zurücklegen gezogen.

a) *Vervollständigen Sie folgendes Baumdiagramm:*

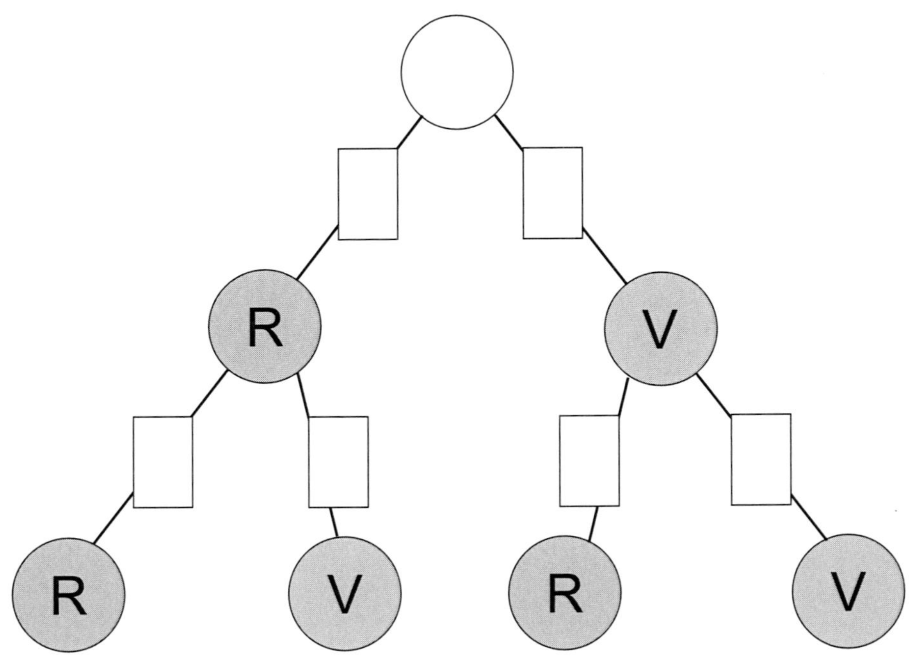

b) *Was verändert sich, wenn nach dem ersten Zug die Kugel wieder zurückgelegt werden würde?*

Aufgabe 8: *Danylo hat ein Vorstellungsgespräch, zu dem er sich schick kleiden muss. Er hat 3 Hemden, 2 Hosen und 2 Paar Schuhe. Wie viele Kombinationsmöglichkeiten hat er?* ____________________

9 Zufallsexperimente

Aufgabe 9: In einem Gefäß befinden sich grüne und rote Kugeln. Es werden hintereinander 2 Kugeln ohne Zurücklegen gezogen.
Sehen Sie sich das Baumdiagramm genau an und vervollständigen Sie dieses.

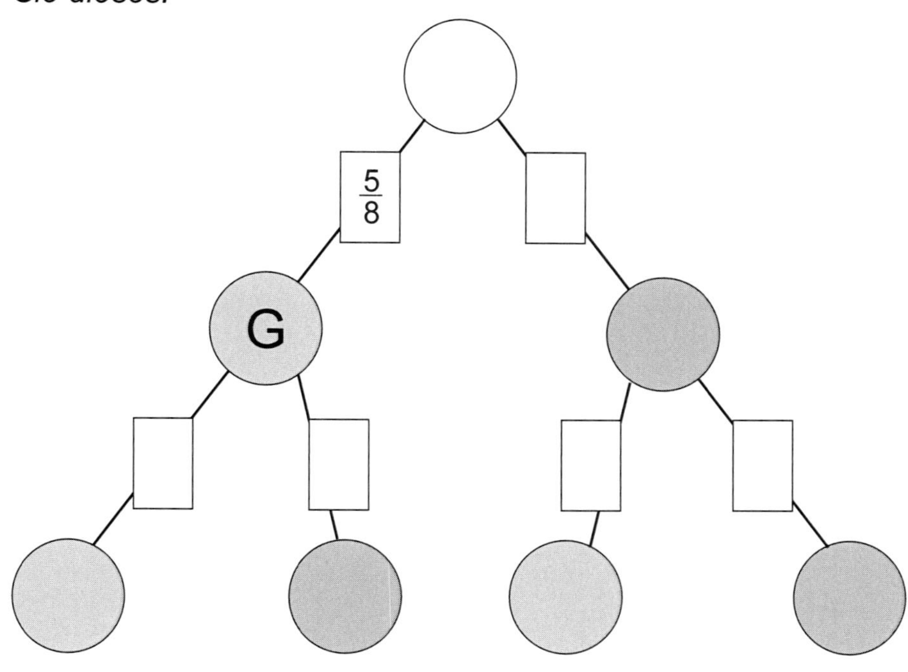

Aufgabe 10: In einer Urne befinden sich 2 weiße und 3 schwarze Kugeln. Es werden zwei Kugeln nacheinander mit Zurücklegen gezogen.

a) *Vervollständigen Sie folgendes Baumdiagramm (ohne die gepunkteten Rechtecke):*

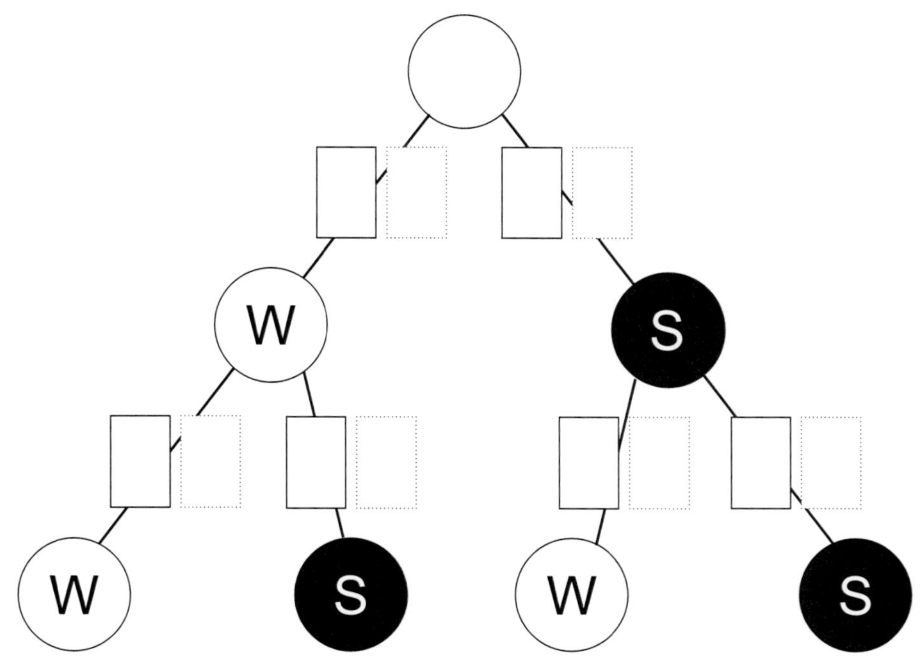

b) *Was verändert sich, wenn nach dem ersten Zug die Kugel nicht zurückgelegt werden würde? Benutzen Sie die gepunkteten Rechtecke.*

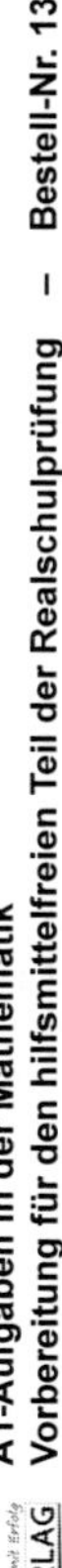
A1-Aufgaben in der Mathematik
Vorbereitung für den hilfsmittelfreien Teil der Realschulprüfung – Bestell-Nr. 13 055
KOHL VERLAG

9 Zufallsexperimente

Aufgabe 11: *Bei einem Sprint gehen 7 Läufer an den Start. Wie viele Möglichkeiten gibt es, dass diese im Ziel einlaufen?*

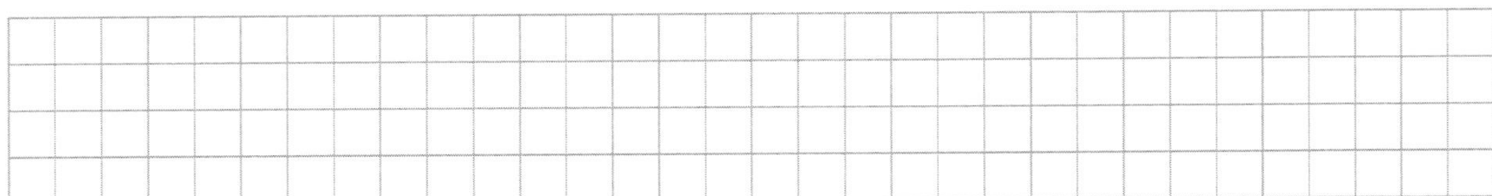

Aufgabe 12: Uschi kauft sich einen Safe, den sie mit einem Zahlenschloss verschließen kann. Das Zahlenschloss umfasst 4 Rädchen, wobei jedes Rädchen die Ziffern 0 bis 9 haben kann.

a) *Wie viele Möglichkeiten gibt es das Zahlenschloss einzustellen?*

b) Ein Dieb wollte das Schloss knacken. Er versuchte es 40-mal. Dabei hat er sich aus Zeitmangel die bereits ausprobierten Kombinationen nicht aufgeschrieben und 40 Kombinationen kann sich auch kein Mensch merken.

Wie wahrscheinlich ist es, dass er das Schloss knacken konnte?

10 Quadratische Funktionen

Aufgabe 1: *Welcher Graph gehört zur Funktionsgleichung der Parabel p: $y = (x - 3)^2 + 2$? Begründen Sie.*

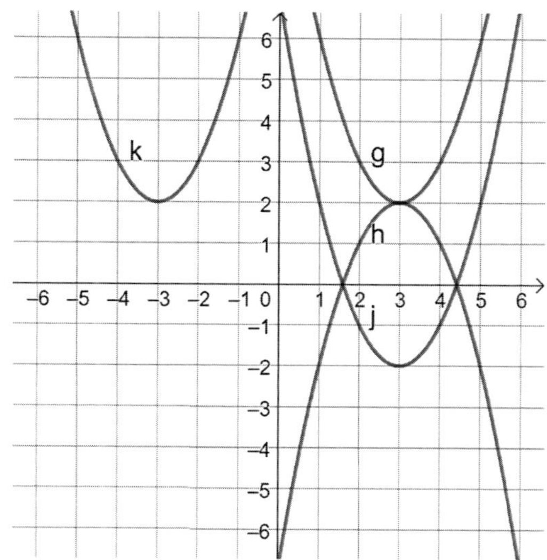

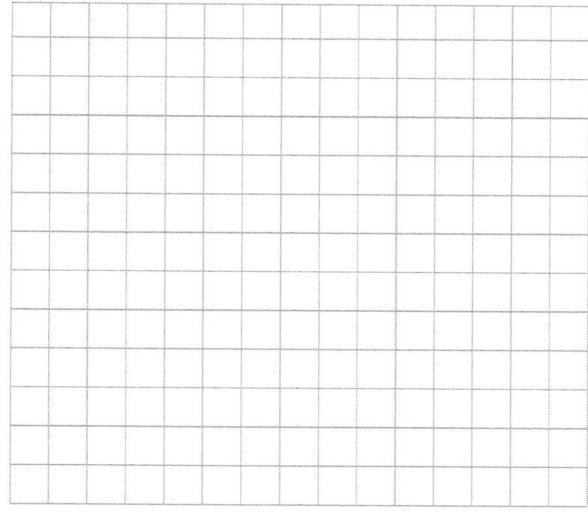

Aufgabe 2: *Welcher Graph gehört zur Funktionsgleichung der Parabel p: $y = -x^2 + x - 1$? Begründen Sie.*

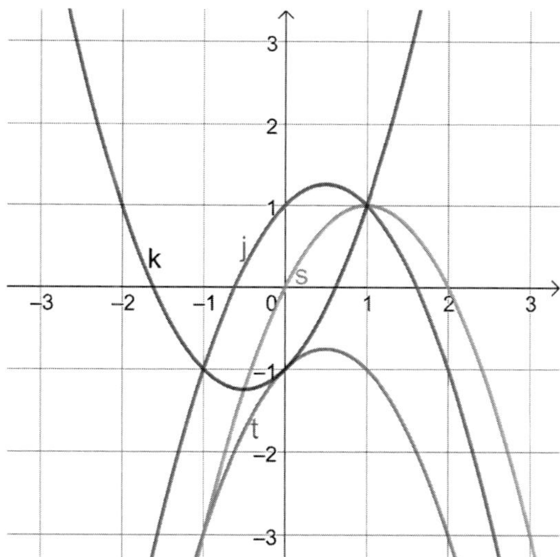

KOHL VERLAG
A1-Aufgaben in der Mathematik
Vorbereitung für den hilfsmittelfreien Teil der Realschulprüfung – Bestell-Nr. 13 055

10 Quadratische Funktionen

Aufgabe 3: *Welcher Graph gehört zur Funktionsgleichung der Parabel* p: $y = -(x - 1)^2 - 1{,}5$? *Begründen Sie.*

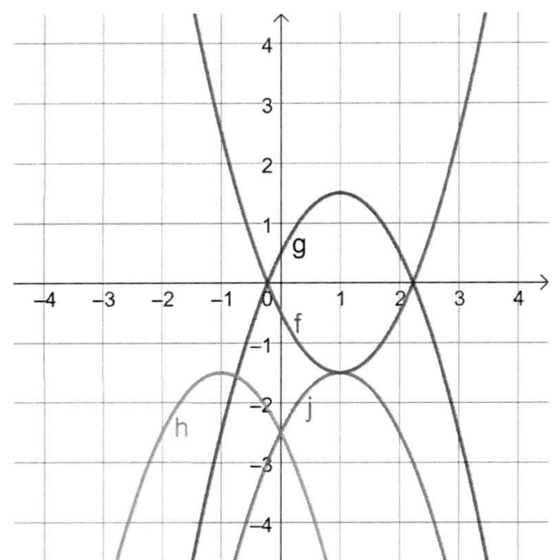

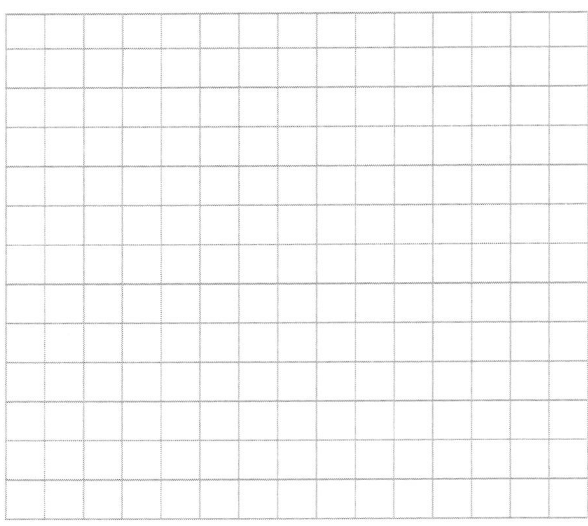

Aufgabe 4: *Zeichnen Sie die Parabel* p: $y = -(x - 4)^2 + 4$ *in ein Koordinatensystem. Beschreiben Sie Ihr Vorgehen.*

10 Quadratische Funktionen

Aufgabe 5: *Zeichnen Sie die Parabel* p: $y = x^2 + 4x + 2$ *in ein Koordinatensystem. Beschreiben Sie Ihr Vorgehen.*

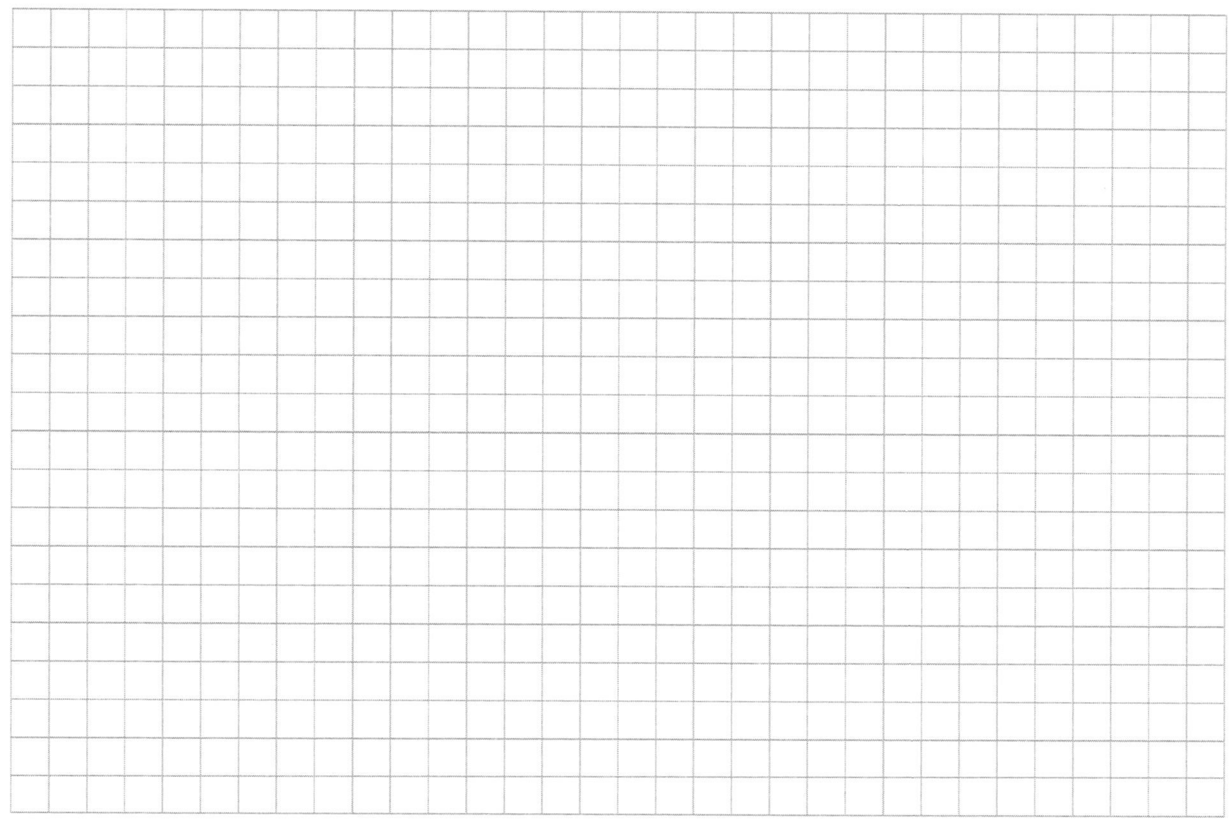

Aufgabe 6: *Die Parabel* p: $y = -(x + 2,5)^2 - 1,5$ *wird an der x-Achse gespiegelt. Welche Funktionsgleichung beschreibt die entstandene Bildparabel p'?*

- ☐ p': $y = -(x + 2,5)^2 - 1,5$
- ☐ p': $y = (x + 2,5)^2 + 1,5$
- ☐ p': $y = (x - 2,5)^2 + 1,5$
- ☐ p': $y = (x - 2,5)^2 - 1,5$
- ☐ p': $y = -(x + 2,5)^2 - 1,5$
- ☐ p': $y = -(x +2,5)^2 - 1,5$

Aufgabe 7: *Die Parabel* p: $y = (x - 1)^2 + 1$ *wird an der x-Achse gespiegelt. Welche Funktionsgleichung beschreibt die entstandene Bildparabel p'?*

- ☐ p': $y = -(x - 1)^2 + 1$
- ☐ p': $y = (x - 1)^2 - 1$
- ☐ p': $y = -(x - 1)^2 - 1$
- ☐ p': $y = (x + 1)^2 - 1$
- ☐ p': $y = -(x + 1)^2 - 1$
- ☐ p': $y = (x + 1)^2 + 1$

KOHL VERLAG Lernen mit Erfolg
A1-Aufgaben in der Mathematik
Vorbereitung für den hilfsmittelfreien Teil der Realschulprüfung – Bestell-Nr. 13 055

10 Quadratische Funktionen

<u>Aufgabe 8</u>: *Geben Sie die Scheitelpunktform der Parabel p an.*

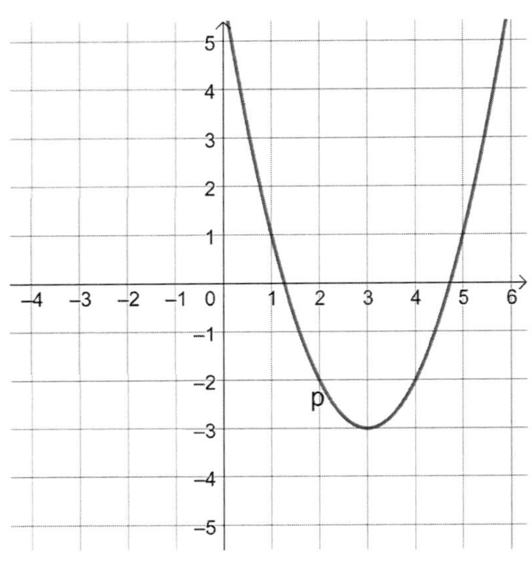

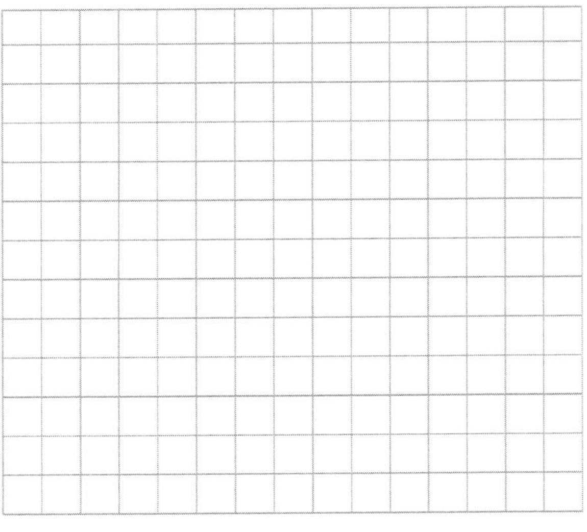

<u>Aufgabe 9</u>: *Gegeben ist die Parabel* p: $y = -(x + 2{,}5)^2 - 4$.
Beschreiben Sie Lage und Öffnung.

<u>Aufgabe 10</u>: *Geben Sie die Scheitelpunktform der Parabel p an.*

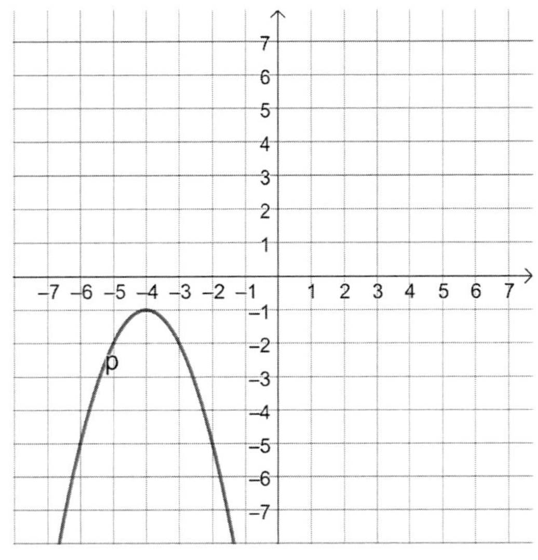

10 Quadratische Funktionen

Aufgabe 11: *Beschreiben Sie Lage und Öffnung der Parabel* p: $y = x^2 - 4$.

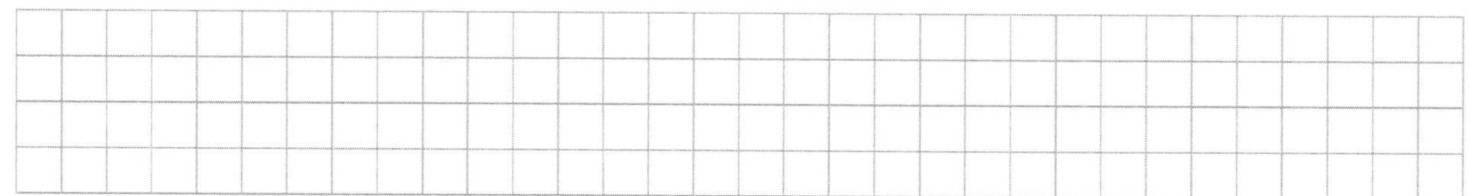

Aufgabe 12: *Der Scheitelpunkt der Parabel* p: $y = (x + 2)^2 + 1$ *wird um 2 Einheiten nach rechts verschoben.*
Wie heißt die Funktionsgleichung der entstandenen Parabel p'?

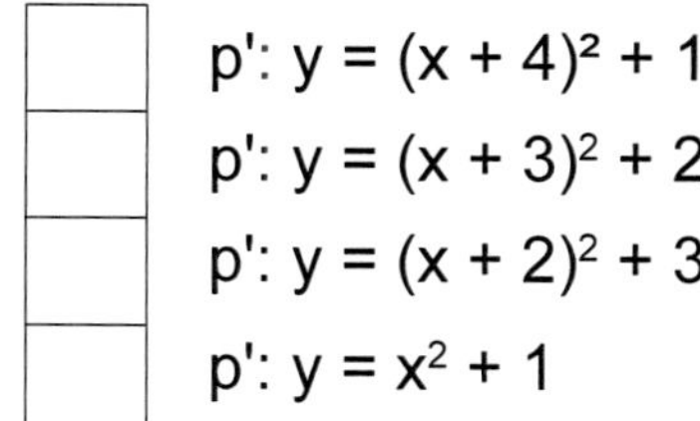

- ☐ p': $y = (x + 4)^2 + 1$
- ☐ p': $y = (x + 3)^2 + 2$
- ☐ p': $y = (x + 2)^2 + 3$
- ☐ p': $y = x^2 + 1$

Aufgabe 13: *Der Scheitelpunkt der Parabel* p: $y = -(x + 1)^2 + 4$ *wird um 2 Einheiten nach oben verschoben.*
Wie lautet die Funktionsgleichung der entstandenen Parabel p'?

- ☐ p': $y = -(x + 2)^2 + 5$
- ☐ p': $y = -(x + 3)^2 + 4$
- ☐ p': $y = -(x + 1)^2 + 6$
- ☐ p': $y = -(x + 3)^2 + 6$

Aufgabe 14: *Schneiden sich die Parabeln* p: $y = (x + 2)^2 + 5$ *und* f: $y = -(x + 2)^2 + 4$? *Begründen Sie.*

A1-Aufgaben in der Mathematik
Vorbereitung für den hilfsmittelfreien Teil der Realschulprüfung – Bestell-Nr. 13 055
KOHL VERLAG

Quadratische Funktionen

Aufg. 15: *Schneiden sich die Parabeln* p: $y = (x - 1)^2 + 1$ *und* f: $y = -(x - 3)^2 + 4$?
Begründen Sie.

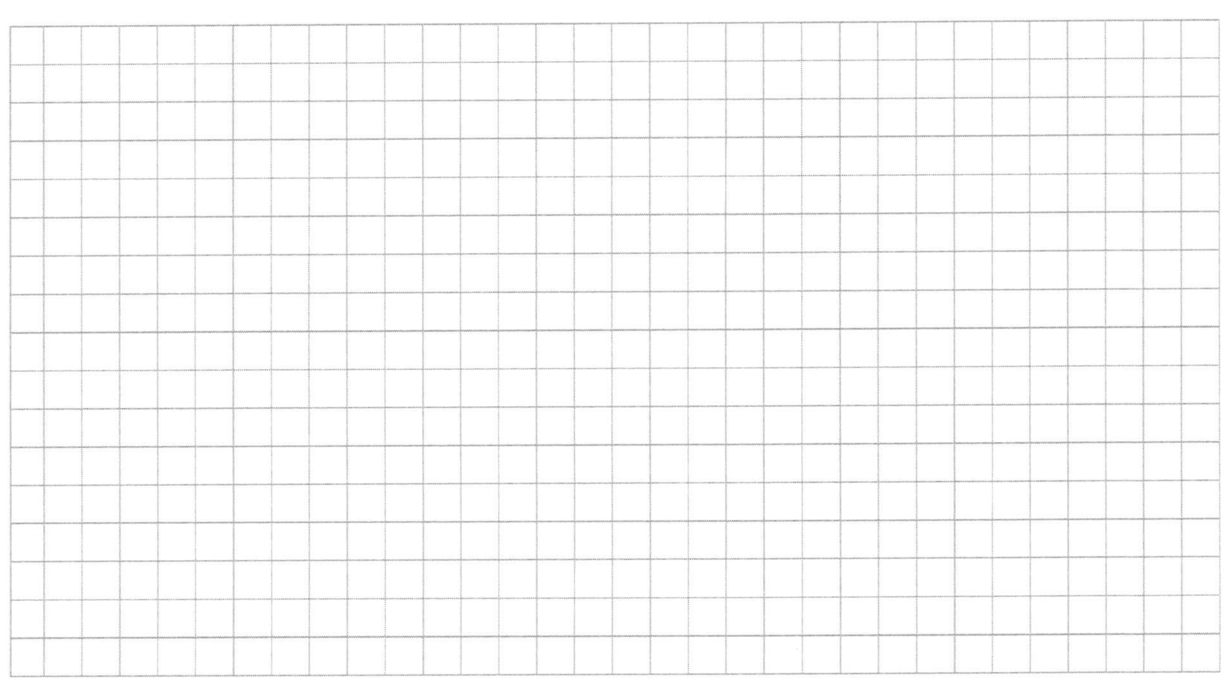

Aufgabe 16: *Geben Sie die Funktionsgleichung einer Parabel p an, die mit der Parabel* f: $y = (x - 2)^2 + 2$ *keinen gemeinsamen Schnittpunkt hat.*
Begründen Sie.

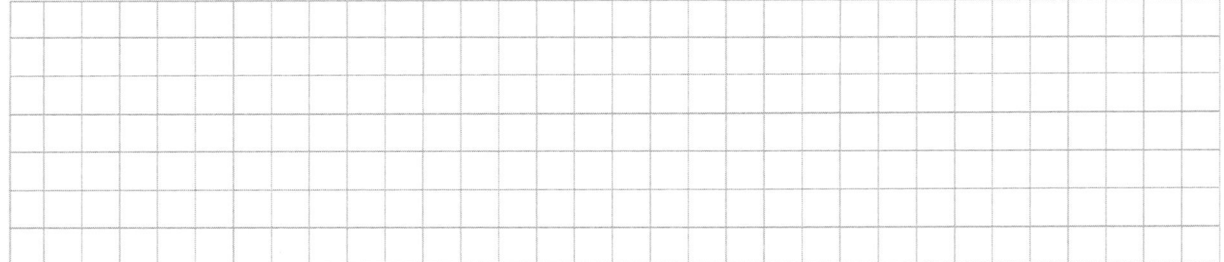

Aufgabe 17: *Geben Sie die Funktionsgleichung der Parabel p an, die mit der Parabel* f: $y = (x - 2)^2 + 2$ *genau einen gemeinsamen Schnittpunkt hat.*
Begründen Sie.

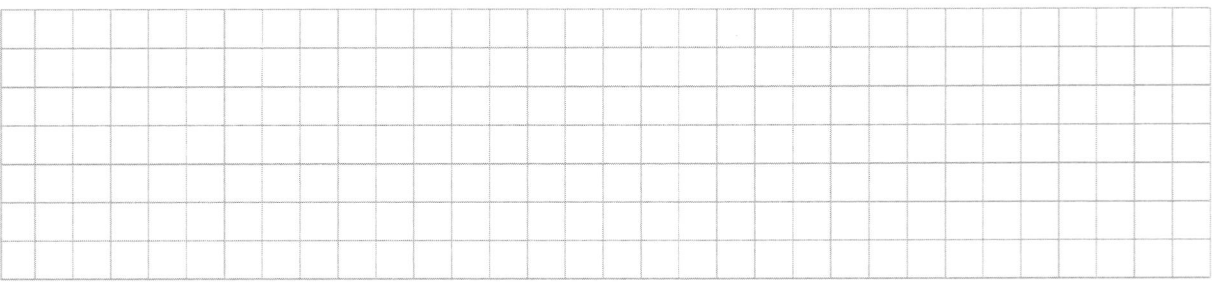

10 Quadratische Funktionen

Aufgabe 18: *Ergänzen Sie für die Parabel* p: $y = -x^2 + 4x - 1$ *die vorgegebene Wertetabelle. Kann man an der Wertetabelle den Scheitelpunkt S ablesen? Geben Sie diesen gegebenenfalls an und begründen Sie.*

x	−2	−1	0	1	2	3	4
y							

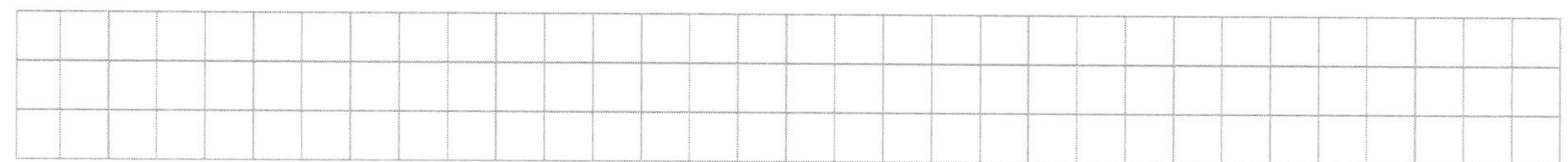

Aufgabe 19: *Ergänzen Sie für die Parabel* p: $y = -x^2 - 2$ *die vorgegebene Wertetabelle. Kann man an der Wertetabelle den Scheitelpunkt S ablesen? Geben Sie diesen gegebenenfalls an und begründen Sie.*

x	−2	−1	0	1	2	3	4
y							

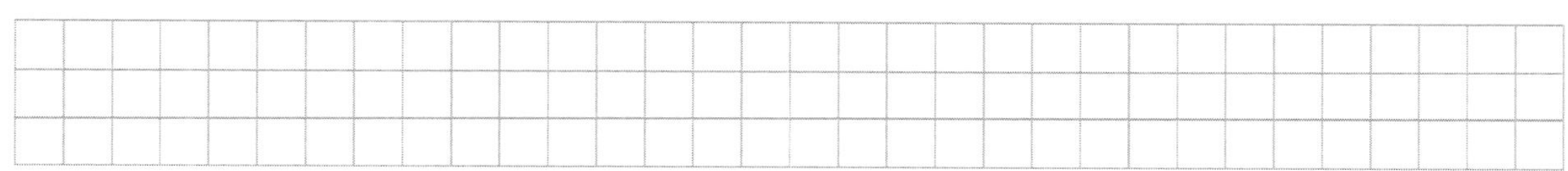

Aufgabe 20: *Wie lautet die Scheitelpunktform der nach oben geöffneten Parabel p, zu der diese Wertetabelle gehört?*

x	−2	−1	0	1	2	3	4	5	6	7	8
y	51	38	27	18	11	6	3	2	3	6	11

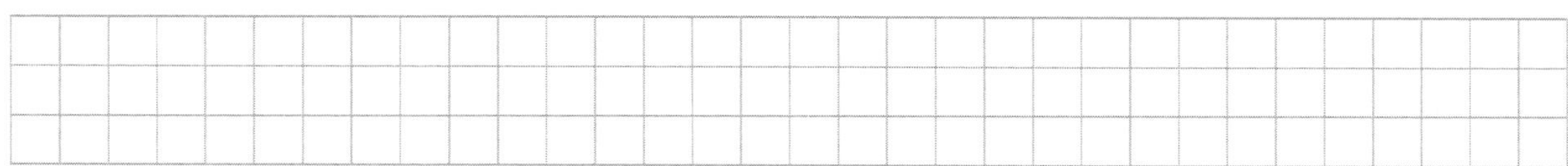

Aufgabe 21: *Wie lautet die Scheitelpunktform der nach unten geöffneten Parabel p, zu der diese Wertetabelle gehört?*

x	−4	−3	−2	−1	0	1	2	3	4
y	−25	−16	−9	−4	−1	0	−1	−4	−9

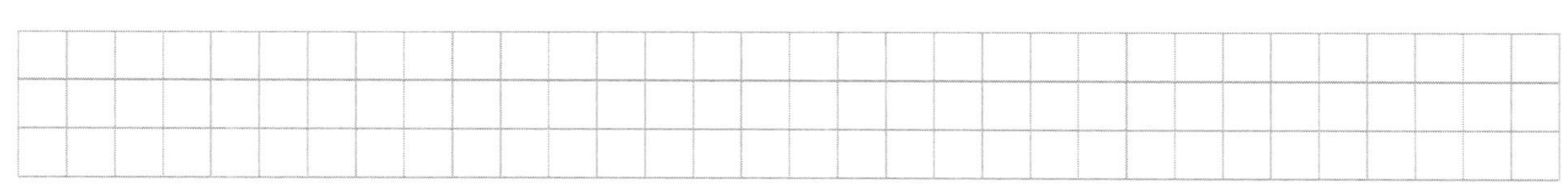

A1-Aufgaben in der Mathematik
Vorbereitung für den hilfsmittelfreien Teil der Realschulprüfung – Bestell-Nr. 13 055
KOHL VERLAG

10 Quadratische Funktionen

Aufgabe 22: *Der Scheitelpunkt der nach unten geöffneten Normalparabel p liegt im Ursprung. Geben Sie die Funktionsgleichung an.*

Aufgabe 23: *Die nach oben geöffnete Normalparabel p hat den Scheitelpunkt* S(–1,4|–1,4). *Geben Sie die Funktionsgleichung in der Scheitelpunktform an.*

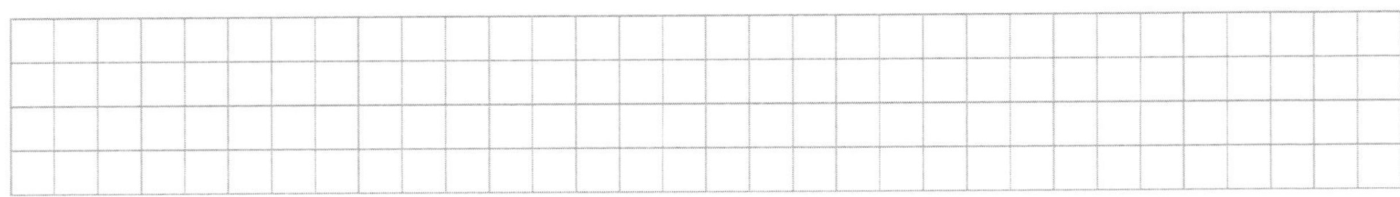

Aufgabe 24: *Handelt es sich bei dieser Funktionsgleichung um eine quadratische Funktion? Begründen Sie.*

$y = x(x - 8)$

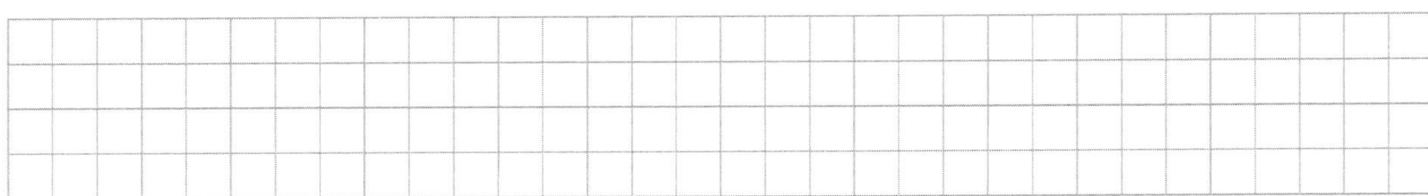

Aufgabe 25: *Wie viele Lösungen gibt es?*

$-2x^2 = 16$

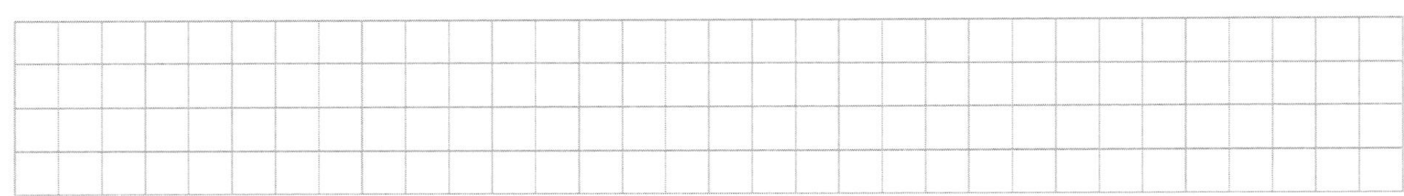

Aufgabe 26: *Wie viele Lösungen gibt es?*

$x^2 + 3 = 3$

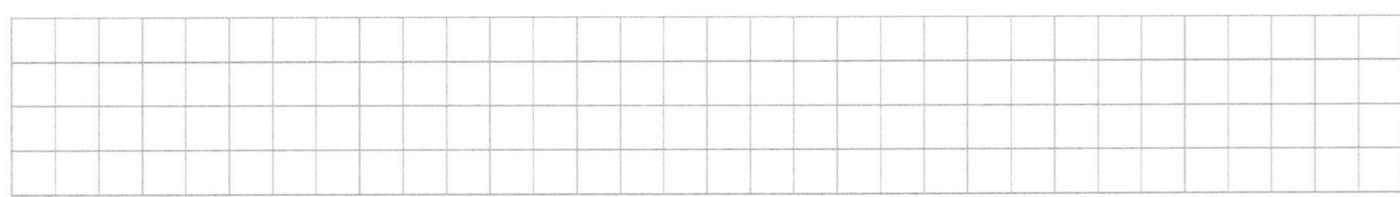

Aufgabe 27: *Wie viele Lösungen gibt es?*

$x^2 - 10 = -6$

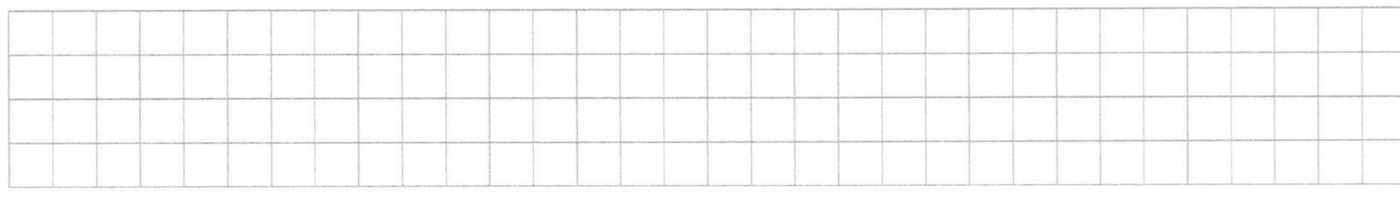

Quadratische Funktionen

Aufgabe 28: *Welche Funktionsgleichung gehört zu welchem Graphen? Schreiben Sie die passenden Buchstaben in die Tabelle.*

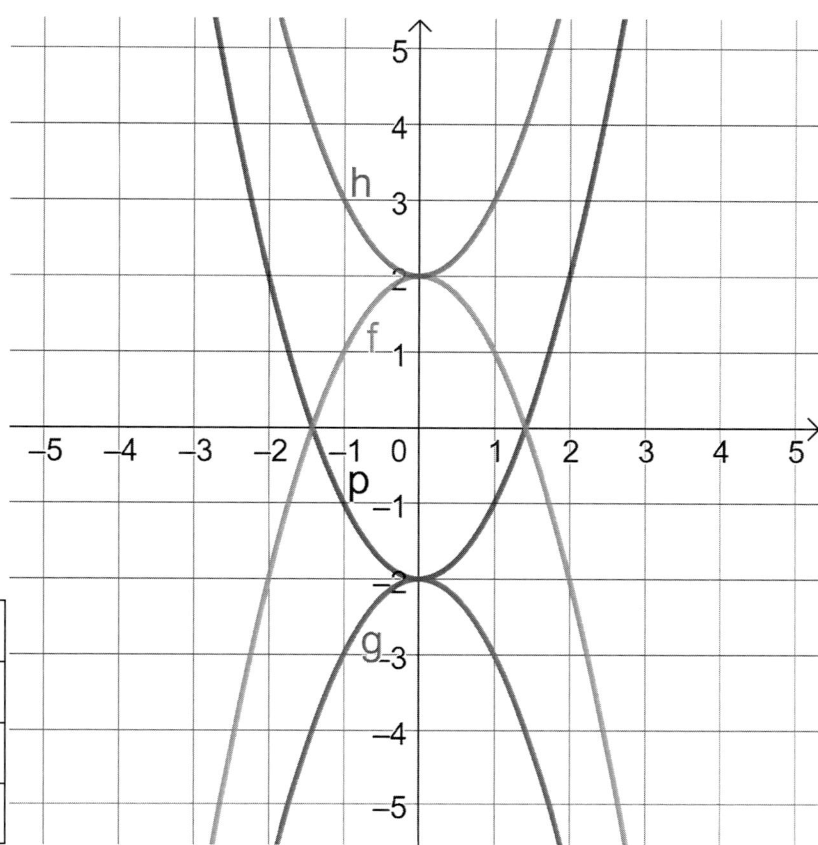

	$y = x^2 - 2$
	$y = -x^2 + 2$
	$y = -x^2 - 2$
	$y = x^2 + 2$

KOHL VERLAG Lernen mit Erfolg
A1-Aufgaben in der Mathematik
Vorbereitung für den hilfsmittelfreien Teil der Realschulprüfung – Bestell-Nr. 13 055

11 Bruchgleichungen / Lineare Gleichungssysteme

Aufgabe 1: *Geben Sie die Definitionsmenge an.*

$$\frac{4x-5}{-2x+4}+\frac{6}{x-5}=\frac{2}{(-4x+8):2}-\frac{7}{x}$$ __________________

Aufgabe 2: *Geben Sie die Definitionsmenge an.*

$$\frac{2x-2}{-0{,}5x}+\frac{2}{1{,}2x}=\frac{-0{,}2}{-4x+3}$$ __________________

Aufgabe 3: *Geben Sie die Definitionsmenge an.*

$$\frac{4x-5}{-0{,}5x+2}+\frac{6}{-5}=\frac{2}{3\cdot(-4x+8)}-\frac{x}{2}$$ __________________

Aufgabe 4: *Welcher Fehler wurde hier gemacht? Unterstreichen Sie die Fehlerstelle und schreiben Sie nur diese Zeile neu.*

I) $a + 2b = -5$
II) $a + 4b = -9$
I – II) $-2b = -14 \quad | : (-2)$
$b = 7$ __________________

Aufgabe 5: *Welcher Fehler wurde hier gemacht? Unterstreichen Sie die Fehlerstelle und schreiben Sie nur diese Zeile neu.*

I) $k = 4j - 11$
II) $2k + j = -4$
I) in II) $2 \cdot 4j - 11 + j = -4$
$9j - 11 = -4 \quad | + 11$
$9j = 7 \quad | : 9$
$j = \frac{7}{9}$ __________________

Aufgabe 6: *Welcher Fehler wurde hier gemacht? Unterstreichen Sie die Fehlerstelle und schreiben Sie nur diese Zeile neu.*

I) $x = 4h - 17$
II) $0{,}5h - 3 = x$
I = II) $0{,}5h - 3 = 4h - 17 \quad | + 17$
$0{,}5h + 14 = 4h \quad | - 0{,}5h$
$14 = 3{,}5h \quad | : 3{,}5$
$h = 4$
in I) $x = 4 \cdot 3{,}5 - 17 = -3$ __________________

11 Bruchgleichungen / Lineare Gleichungssysteme

Aufgabe 7: *Bestimmen Sie das Lösungspaar.*

I) $x - 2y = 6$

II) $-x = 4$

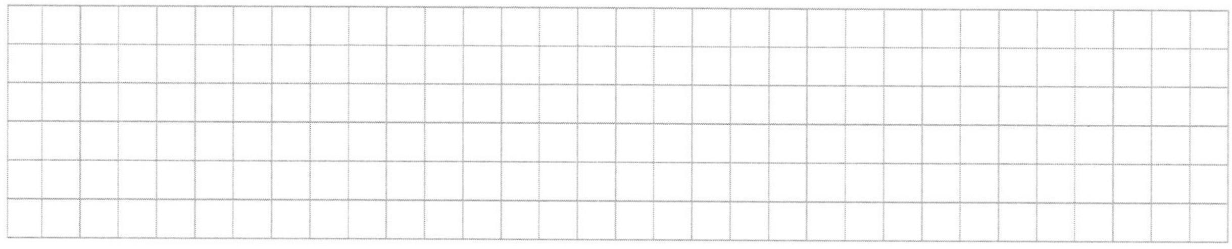

Aufgabe 8: *Wie viele Lösungen hat das Gleichungssystem? Begründen Sie.*

I) $a + 2b = 4$

II) $2a + 4b = -8$

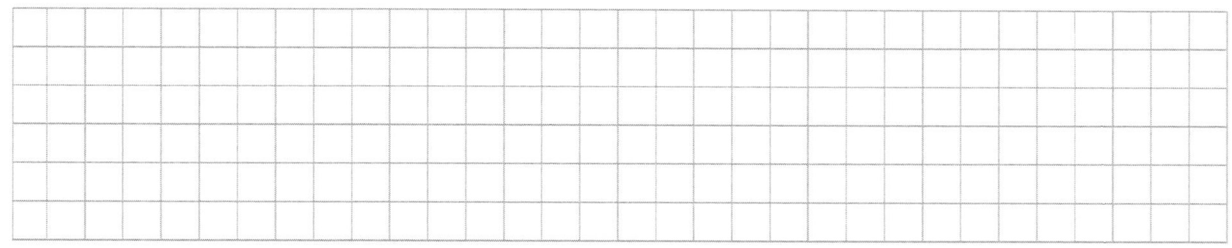

Aufgabe 9: *Kreuzen Sie richtige Umformungen an.*

	$\sqrt{a^2 + a^4} = \sqrt{a^6}$
	$4b + 8x = 4(b + 2x)$
	$\sqrt{\frac{t^4}{z^9}} = \frac{t^2}{z^3}$
	$-(6x - 9y) : 1{,}5 = -4x + 6y$

A1-Aufgaben in der Mathematik
Vorbereitung für den hilfsmittelfreien Teil der Realschulprüfung – Bestell-Nr. 13 055
KOHL VERLAG

Bruchgleichungen / Lineare Gleichungssysteme

Aufgabe 10: *Welches Lösungsverfahren würden Sie verwenden? Begründen Sie.*

I) $2x - 5y = 3$ II) $-0{,}5x + 5y = 1{,}5$

- ☐ Einsetzungsverfahren
- ☐ Divisionsverfahren
- ☐ Gleichsetzungsverfahren
- ☐ Additionsverfahren

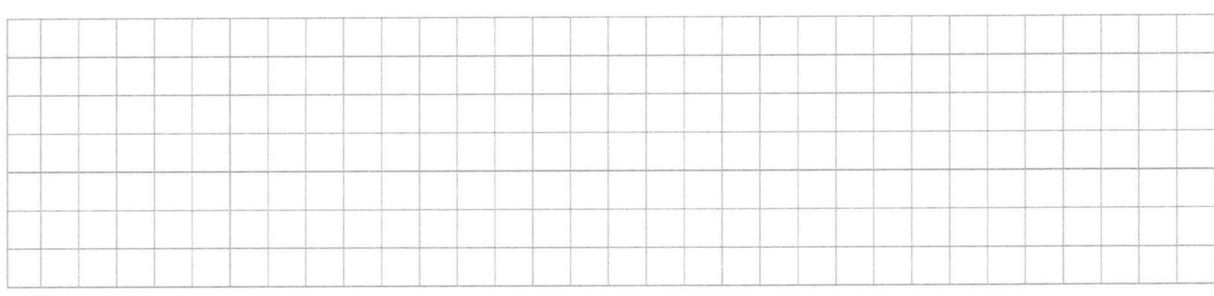

Aufgabe 11: *Welches Lösungsverfahren würden Sie verwenden? Begründen Sie.*

I) $x = 5y - 10$ II) $2x + 2y = -9$

- ☐ Einsetzungsverfahren
- ☐ Divisionsverfahren
- ☐ Gleichsetzungsverfahren
- ☐ Additionsverfahren

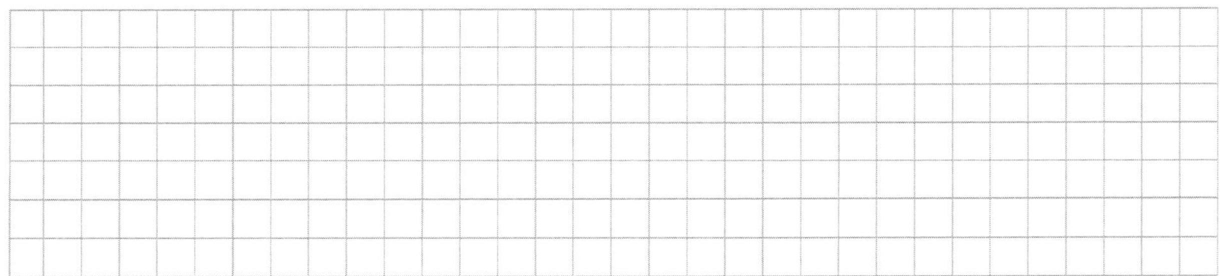

Aufgabe 12: *Bestimmen Sie das Lösungspaar.*

$3x + 5y = -22$ $-3x + 6y = -33$

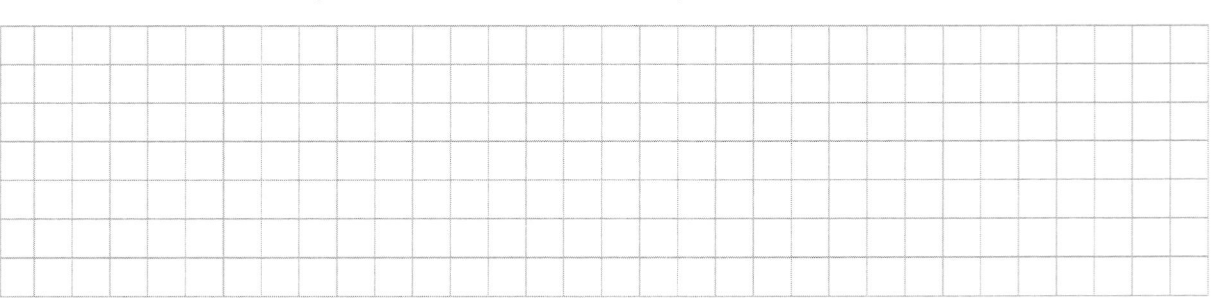

12 Musterprüfung 1

Teil A – Muster 1

Arbeitszeit 30 Minuten

Erreichbare Punktzahl 8

Aufgabe 1: *Welche Dreiecke sind ähnlich? Begründen Sie.* 0,5

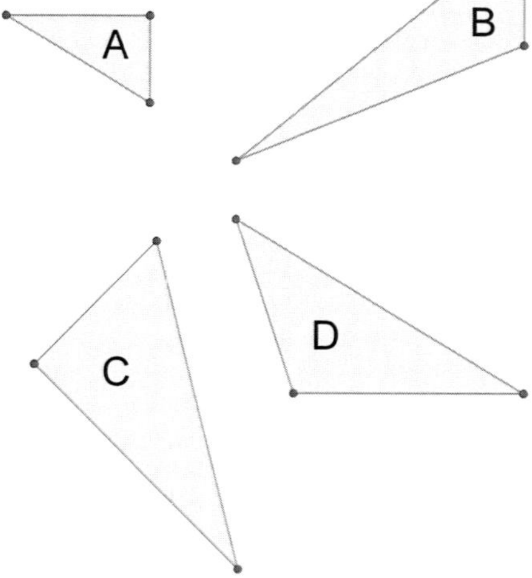

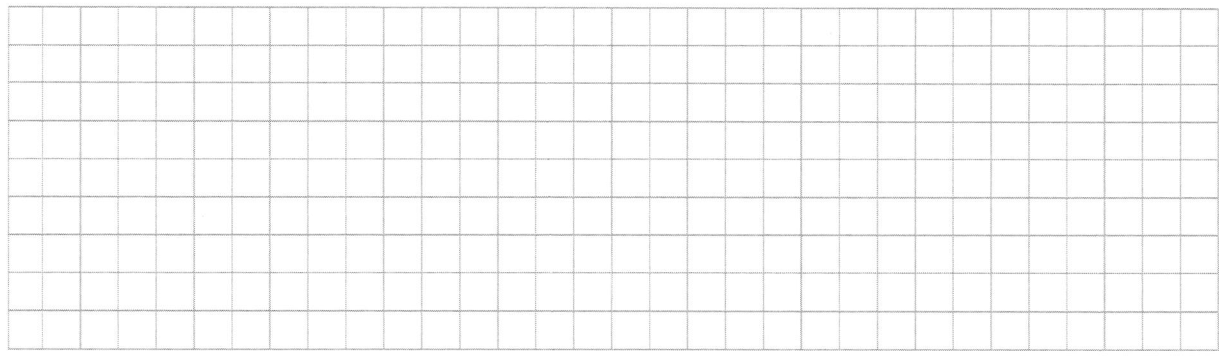

Aufgabe 2: *Kleiner, größer oder gleich?* 2

7^4		7^{-4}
3^4		4^3
$0{,}1^8$		8^0
3^{-4}		3^{-5}

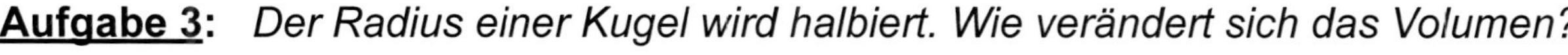

Aufgabe 3: *Der Radius einer Kugel wird halbiert. Wie verändert sich das Volumen?* 1

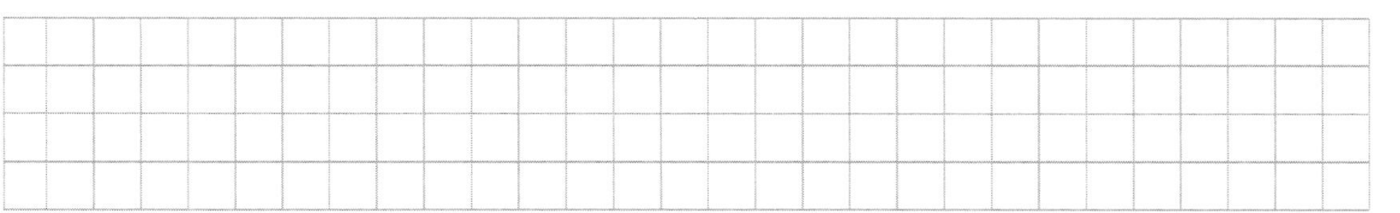

12 Musterprüfung 1

Aufgabe 4: *Ayse behauptet: „Die Gerade* e: y = 3,5x + 5 *steigt." Stimmt das? Begründen Sie.* 0,5

Aufgabe 5: *Ergänzen Sie:* 1

a) $\frac{?}{d} = \frac{b}{e}$ b) $\frac{f}{a} = \frac{e}{?}$

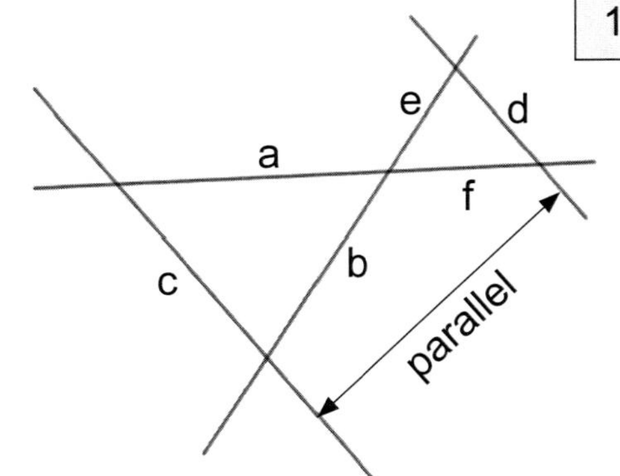

Aufgabe 6: *Von einem Dreieck sind die Hypotenuse, eine Kathete sowie ein Hypotenusenabschnitt bekannt: c = 8 cm; b = 4 cm; q = 2 cm. Überprüfen Sie mithilfe des Kathetensatzes* $b^2 = c \cdot q$, *ob es sich um ein rechtwinkliges Dreieck handelt.* 1

Aufgabe 7: *Faktorisieren Sie:* 1

$64x^2 - 121y^4 =$

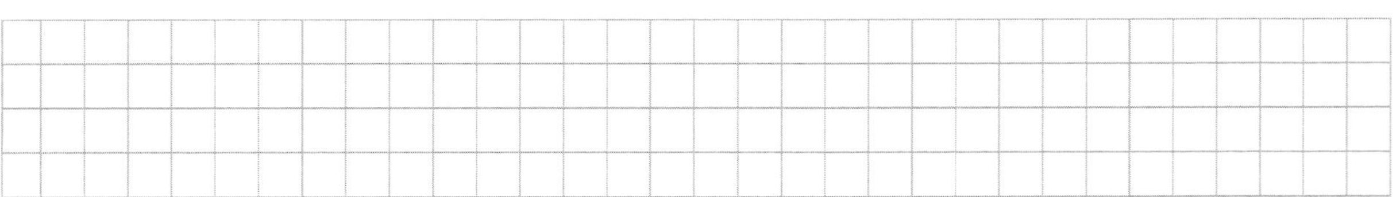

Aufgabe 8: *René muss bald zu einem Vorstellungsgespräch. Er hat 4 Hemden, 3 Hosen und 2 Paar Schuhe zur Auswahl. Wie viele Möglichkeiten hat er, diese miteinander zu kombinieren?* 1

13 Musterprüfung 2

Teil A – Muster 2

Arbeitszeit 30 Minuten

Erreichbare Punktzahl 8

Aufgabe 1: *Berechnen Sie.*

$64^{1/3} \cdot 8^0 \cdot \frac{1}{4}$

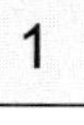

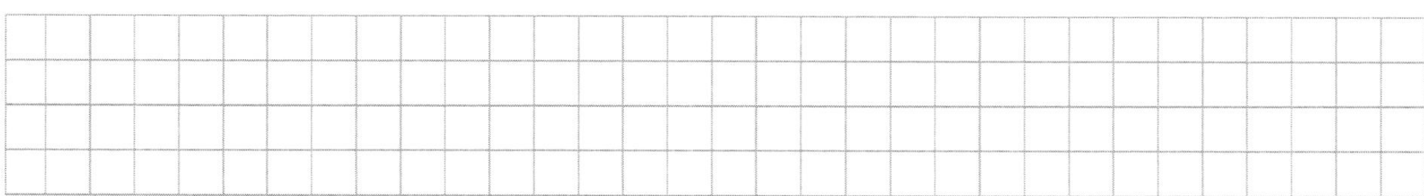

Aufgabe 2: a) *Berechnen Sie mithilfe des Höhensatzes* $h^2 = p \cdot q$ *die Strecke* $\overline{ZB}$*.*

b) *Es gilt:* $\overline{ZA} \cdot 1{,}5 = \overline{ZA'}$

Um welchen Faktor größer ist der Flächeninhalt des Dreiecks A'C'Z gegenüber dem Flächeninhalt des Dreiecks ACZ?

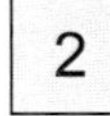

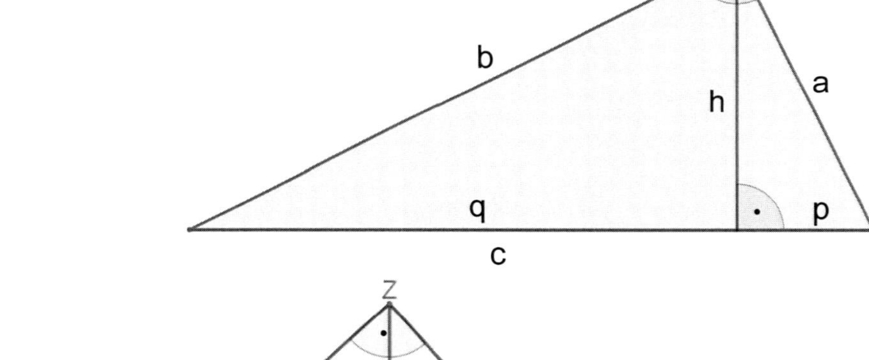

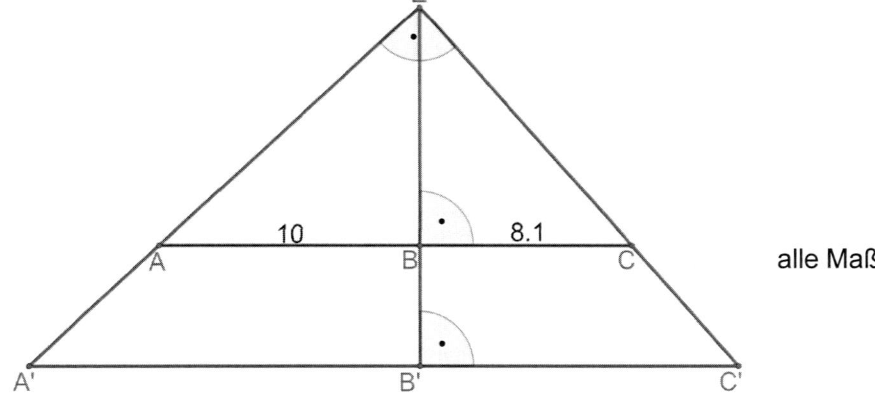

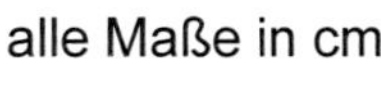

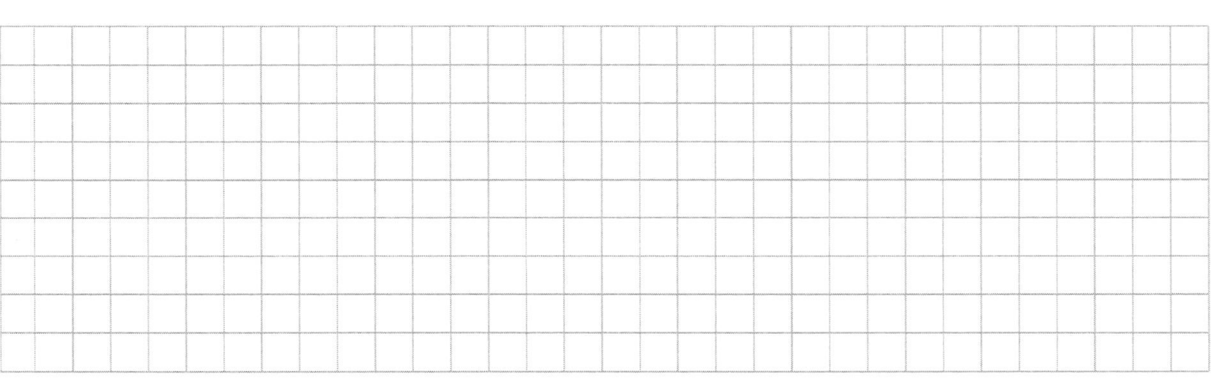

13 Musterprüfung 2

Aufgabe 3: *Der Radius einer Kugel wird verdreifacht. Wie verändert sich das Volumen?* 0,5

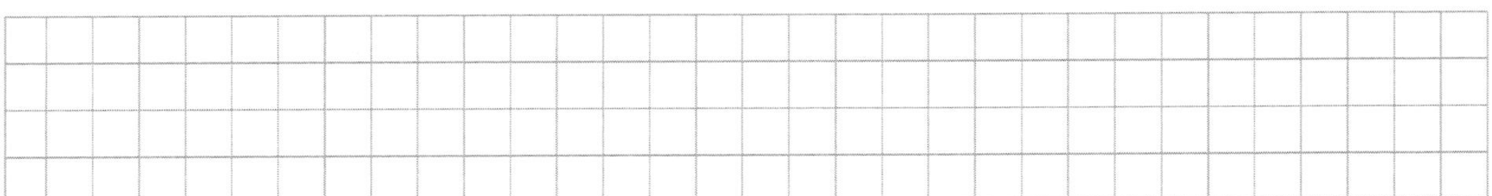

Aufgabe 4: *Wie viele Nullstellen hat die Parabel* p: $y = -x^2$? 0,5

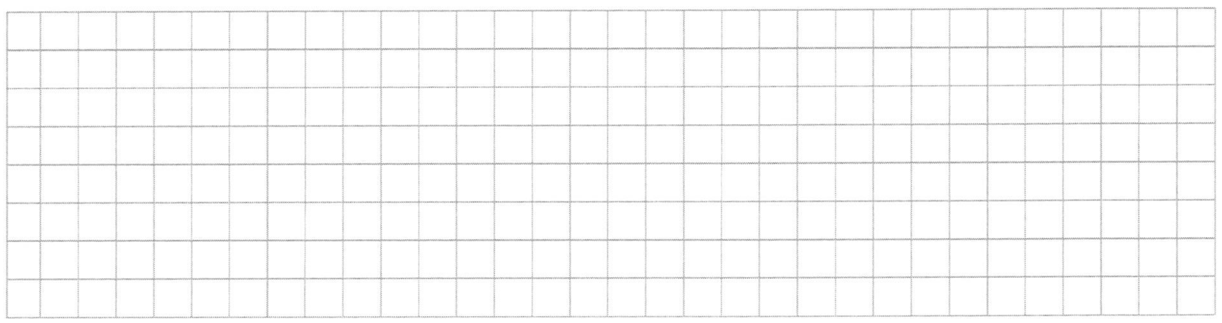

Aufgabe 5: *Schreiben Sie als Potenz und ergänzen Sie die Lösung.* 1

$\log_{10} 1000 = x$

Aufgabe 6: *Wie heißt die Normalform der Geraden* g: $5y - 4 = -10x$? 1

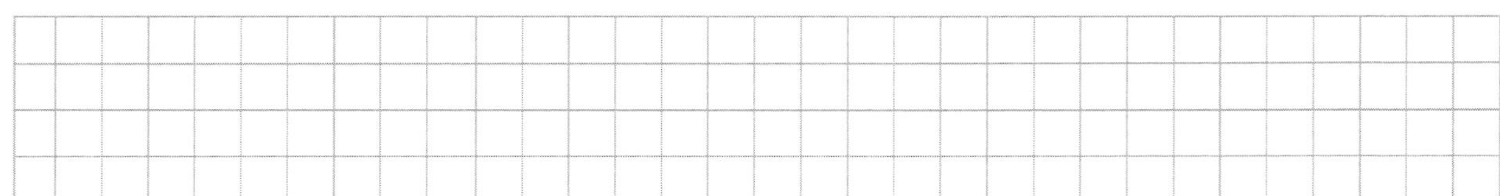

Aufgabe 7: *Notieren Sie vollständig.* 1

(____x – ___ ___)² = 0,64x² ___ 8xy + 25y²

Aufgabe 8: *Formen Sie folgende Formeln um:* 1

$a^2 = c \cdot p$ nach p $b^2 = c \cdot q$ nach c $c = p + q$ nach q

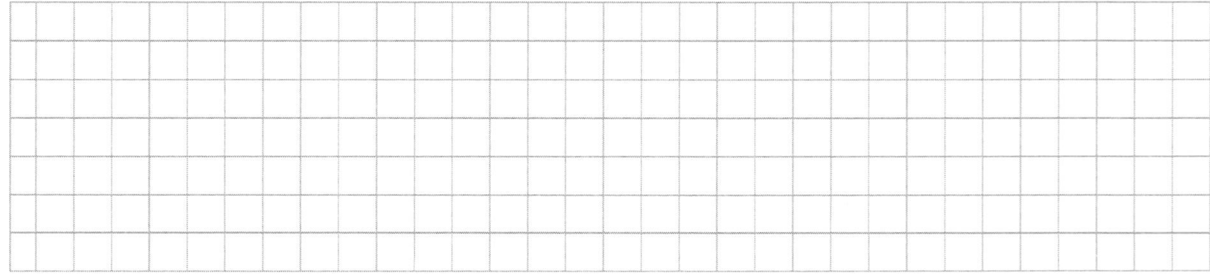

14 Musterprüfung 3

Teil A – Muster 3

Arbeitszeit 30 Minuten

Erreichbare Punktzahl **8**

Aufgabe 1: *Kleiner, größer oder gleich?* [1]

$\sqrt[20]{2^{-10}}$		2^{-2}
$\sqrt[2]{3^4}$		10
$\sqrt[4]{10^0}$		10^0
$\sqrt[3]{64^2}$		2^2

Aufgabe 2: *Geben Sie die Definitionsmenge an.* [1]

$$\frac{4x-5}{-0{,}1x+2}+\frac{6}{8}=\frac{2}{0{,}5\cdot(-2x+4)}-\frac{7}{x}$$

Aufgabe 3: *„Potenzen werden addiert, indem man die Exponenten addiert."* [0,5]

Diese Aussage ist …

- [ ] richtig
- [ ] falsch

Aufgabe 4: *Welche Figuren sind ähnlich zueinander?* [1]

- [ ] alle rechtwinkligen Dreiecke
- [ ] alle Kreise
- [ ] alle gleichseitigen Dreiecke
- [ ] alle Rechtecke

Aufgabe 5: *Die Lösungsmenge der Gleichung* $x-1=x+7$ *ist …* [0,5]

- [ ] $L = \{\,\}$
- [ ] $x = 0$
- [ ] gibt es nicht
- [ ] hat unendlich viele Lösungen

14 Musterprüfung 3

Aufgabe 6: *Um welchen Faktor vergrößert sich der Oberflächeninhalt eines Würfels, wenn man seine Kantenlänge verdoppelt?* 1

Aufgabe 7: *Gegeben ist die Gerade* $y = 3x - 7$. *Überprüfen Sie rechnerisch, ob der Punkt A(2|–1) auf der Geraden liegt.* 1

Aufgabe 8: *Kreuzen Sie den Sachverhalt an, bei dem es sich um ein exponentielles Wachstum handelt.* 1

☐	Alle 25 min verdoppelt sich die Anzahl der Bakterien.
☐	Ein Taxi verlangt 10 € Festpreis plus jeden gefahrenen Kilometer 1,20 €.
☐	Ein Handytarif kostet 2,50 € für ein weiteres GB Datenvolumen.
☐	5 kg Kartoffeln kosten 7,99 €, jedes weitere kg 2 €.

Aufgabe 9: *Ein Skatspiel hat 32 Karten. Es wird eine Karte gezogen. Berechnen Sie die Wahrscheinlichkeit, einen König oder eine Dame zu ziehen.* 1

15 Lösungen

Basiswissen

Aufgabe 1: 9

Aufgabe 2: Quadrat $4 \cdot a$, Kreis hingegen $a \cdot \pi \approx 3{,}14\ a$

Aufgabe 3: Achsenspiegelung

Aufgabe 4: $4\ m^3$

Aufgabe 5: 65 %

Aufgabe 6: 0,054

Aufgabe 7: 4

Aufgabe 8: 20 %

Aufgabe 9: 14

Aufgabe 10: individuell, bspw. g = 12 cm; h = 10 cm

Aufgabe 11: Es ist ein rechtwinkliges Dreieck (Satz des Thales).

Potenzen und Wurzeln

Aufgabe 1:

a) 1 b) 125 c) 144
d) 3 e) a f) 375

Aufgabe 2:

$4^5 : 4^{-5} =$	$2^2 : 4^0 =$	$a^7 \cdot 6^5 \cdot 4^5 \cdot a^{-9} =$
☐ 4^0	☐ 1	☒ $a^{-2} \cdot 24^5$
☒ 4^{10}	☒ 4	☐ $a^{-2} \cdot 24^{10}$
☐ 4^1	☐ 0,5	☐ $a^2 \cdot 24^{10}$

Aufgabe 3:

a)			b)			c)		
2^4	>	2^{-4}	1^4	=	1^{-4}	$1^{1/4}$	=	1^{12}
2^4	=	4^2	3^2	>	2^3	4^3	>	4^{-3}
1^7	=	1^0	$10^{1/2}$	>	10^0	$16^{1/2}$	=	2^2
2^{-4}	>	2^{-5}	0^0	>	0^{12}	64^2	>	2^7

Aufgabe 4:

a) $4^9 \cdot 4^{-6} = 4^3$ b) $-16^1 = -16$ oder $-4^2 = -16$ oder $-2^4 = -16$

Aufgabe 5:

a) $a^{\frac{4}{3}} \cdot b \cdot a^{-\frac{1}{3}} = ab$

a) $c^{\frac{4}{8}} \cdot b \cdot c^{-\frac{3}{2}} = bc^{-1}$

Aufgabe 6:

a) $2^{\frac{3}{5}}$

b) $7{,}8 \cdot 10^{-4}$

c) $101^{-\frac{2}{4}} = 101^{-\frac{1}{2}}$

d) $2^{-\frac{3}{3}} = 2^{-1}$

A1-Aufgaben in der Mathematik
Vorbereitung für den hilfsmittelfreien Teil der Realschulprüfung – Bestell-Nr. 13 055
KOHL VERLAG

15 Lösungen

Potenzen und Wurzeln

Aufgabe 7:

a)

$\sqrt[7]{2^7}$	$>$	2^0
2^2	$>$	$\sqrt[7]{2^{-4}}$
1^7	$=$	$\sqrt[7]{1}$
$\sqrt[9]{3^{18}}$	$<$	3^3

b)

$\sqrt[5]{2^{-4}}$	$>$	2^{-4}
$\sqrt[2]{2^{-4}}$	$=$	2^{-2}
$\sqrt[6]{3^0}$	$=$	3^0
$\sqrt[4]{16^{-2}}$	$=$	0,25

c)

$\sqrt[4]{9^{-2}}$	$=$	$\sqrt[6]{9^{-3}}$
$\sqrt[4]{16^{-4}}$	$>$	16^{-4}
$\sqrt[3]{27}$	$=$	$\sqrt[2]{9}$
$\sqrt[4]{16^{-2}}$	$>$	$\frac{1}{16^4}$

Aufgabe 8: 3 km

Aufgabe 9: 0

Aufgabe 10: $5^{-2} = \frac{1}{5^2} = \frac{1}{25} = 0{,}04$

Aufgabe 11: nein

Aufgabe 12: 5

Aufgabe 13: $\log_4 64 = 3$

Aufgabe 14: 3

Aufgabe 15: $-64y^3$

Aufgabe 16: 5^6

Aufgabe 17: 4^8

Aufgabe 18: 8^2

Aufgabe 19: $\sqrt[3]{81^3}$

Aufgabe 20: 0,001

Aufgabe 21: $x = -3$

Aufgabe 22: $-3{,}1$

Lineare Funktionen

Aufgabe 1: Nein, Bernd liegt nicht richtig. Die beiden Geraden sind parallel zueinander, da sie den gleichen Steigungsfaktor m haben.

Aufgabe 2: f: $y = -2{,}5x + 3$
Die Gerade f hat keinen Punkt mit der Geraden h = g gemeinsam, da sie den gleichen Steigungsfaktor haben, was bedeutet, dass sie parallel zueinander sind.

Aufgabe 3: $4y = -2x + 8 \rightarrow y = -0{,}5x + 2$

Aufgabe 4: Nein, Patrick liegt nicht richtig. Die beiden Geraden sind nicht parallel zueinander, da sie nicht den gleichen Steigungsfaktor m haben. Die eine Gerade steigt, die andere fällt.

Aufgabe 5: $y = 0{,}5x + 1$ ist richtig.

Aufgabe 6: B ist richtig.

Aufgabe 7: N(0,5|0)

Aufgabe 8: Ja, Petra liegt richtig, da der Steigungsfaktor negativ ist.

Aufgabe 9: l': $y = -2{,}5x + 1$

Lösungen

Lineare Funktionen

Aufgabe 10:

3,5x – 2 = 4x + 7
3,5x **– 9** = 4x
–9 = 0,5x
–18 = x
3,5 • (–18) – 2 = –65
S(–18|–65)

Aufgabe 11: j': y = –2x + 1

Aufgabe 12: R(0,7|0)

S(2|6,5)

Aufgabe 13: y = –4x + 2 → 2 = – 4 • 1 + 2 → 2 = –2

Andrea liegt nicht richtig mit ihrer Vermutung, da nicht links und rechts vom „=" dieselbe Zahl steht.

Aufgabe 14: i: $y = -\frac{4}{3}x + 2$

Aufgabe 15: c) und d) sind richtig

Aufgabe 16: Man setzt zwei Geraden gleich, also $y_1 = y_2$, löst dann nach x auf und setzt den Wert für x in eine der beiden Gleichungen ein, um y zu berechnen.

Wachstum

Aufgabe 1: Individuelle Lösungen, z. B.

a)

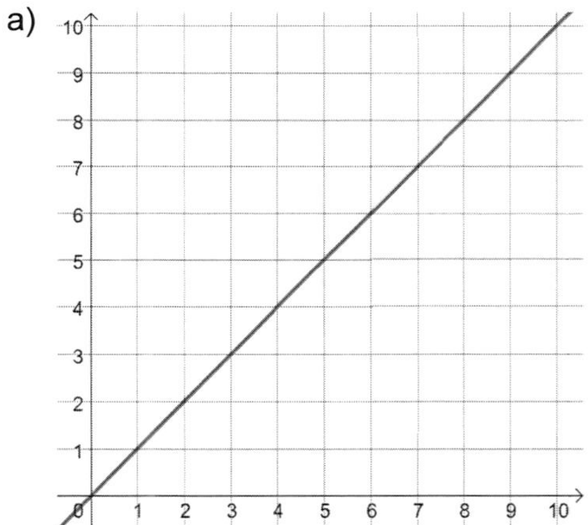

b)

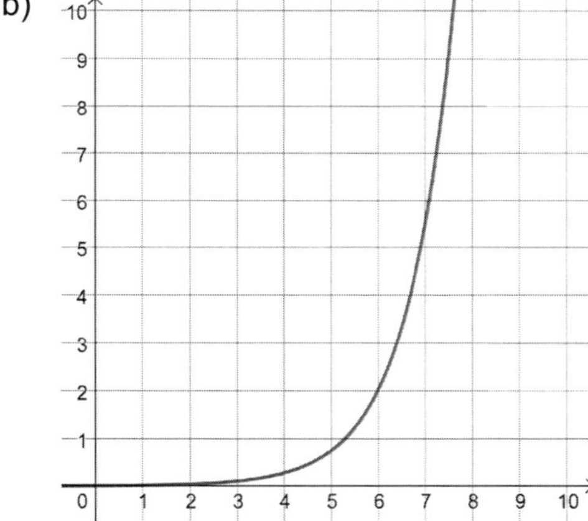

Aufgabe 2:

X	Täglich verdoppelt sich die Anzahl der Seerosen in einem Teich.
	Ein Taxi verlangt 8 € Festpreis plus jeden gefahrenen Kilometer 1,80 €.
X	Das eingesetzte Kapital vermehrt sich jährlich um 2,5 %.
	Jeden Tag wächst die Schneedecke um 2 cm.

A1-Aufgaben in der Mathematik
Vorbereitung für den hilfsmittelfreien Teil der Realschulprüfung – Bestell-Nr. 13 055
KOHL VERLAG

15 Lösungen

Lineare Funktionen

Aufgabe 3: a)

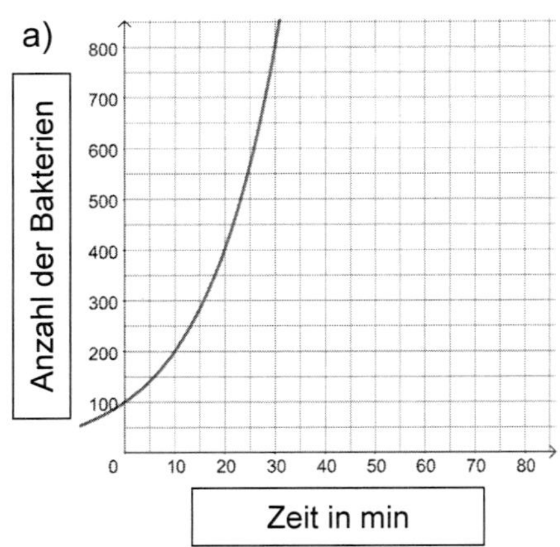

b)

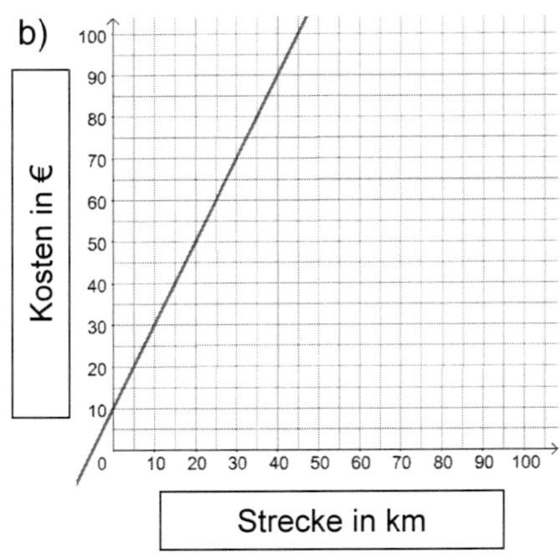

Aufgabe 4:

a) y = 1,8x + 10

b) y = 2x + 8 → y = 2 • 20 + 8
→ y = 48 €

Aufgabe 5:

a) Fall 1: exponentielles Wachstum
Fall 2: lineares Wachstum

b) Yana: mit 14 Jahren: 10 €
mit 15 Jahren: 10 € • 2 = 20 €

Muhannad: mit 14 Jahren: 20 €
mit 15 Jahren: 20 € + 10 € = 30 €

c) Yana: mit 14 Jahren: 10 €
mit 15 Jahren: 10 € • 2 = 20 €
mit 16 Jahren: 20 € • 2 = 40 €

Muhammad: mit 14 Jahren: 20 €
mit 15 Jahren: 20 € + 10 € = 30 €
mit 16 Jahren: 30 € + 10 € = 40 €

→ Im Alter von 16 Jahren bekommen beide den gleichen Betrag an Taschengeld.

Aufgabe 6:

a) y = 1,5x + 8

b) 23 = 1,5x + 8 → 15 = 1,5x → x = 10
Es können 10 km gefahren werden.

c) y = 1,5 • 12 + 8 → y = 26
Sie müssen 26 € bezahlen.

Aufgabe 7: p % = 3 % → q = 0,97

Aufgabe 8:

X	p = 12,5 % → q = 1,125
	p = 4 % → q = 1,4
X	p = 1,05 % → q = 1,0105
	p = 35 % → q = 3,5

15 Lösungen

Lineare Funktionen

Aufgabe 9:

p % = 2 % → q = 1,02

Aufgabe 10:

X	p = –12,5 % → q = 0,875
	p = 4 % → q = 0,6
	p = 1,05 % → q = 1,105
X	p = 35 % → q = 1,35

Satz des Pythagoras & Höhen- und Kathetensatz

Aufgabe 1: Nein, Simon liegt mit seiner Behauptung falsch. Der Satz des Pythagoras kann nur in rechtwinkligen Dreiecken angewendet werden.

Aufgabe 2: Richtig sind:

$c^2 - b^2 = a^2$

$b^2 = c^2 - a^2$

$c^2 = a^2 + b^2$

Aufgabe 3:

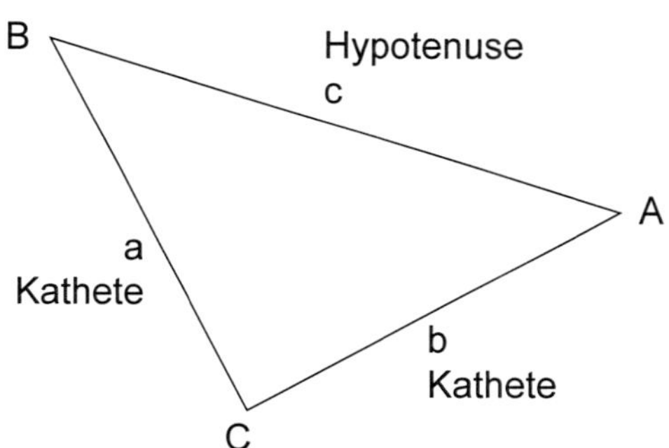

Aufgabe 4: $t^2 + u^2 = s^2$ $q^2 + p^2 = o^2$ $m^2 + n^2 = l^2$

Aufgabe 5: Entsprechende Seiten und Ecken liegen einander gegenüber.

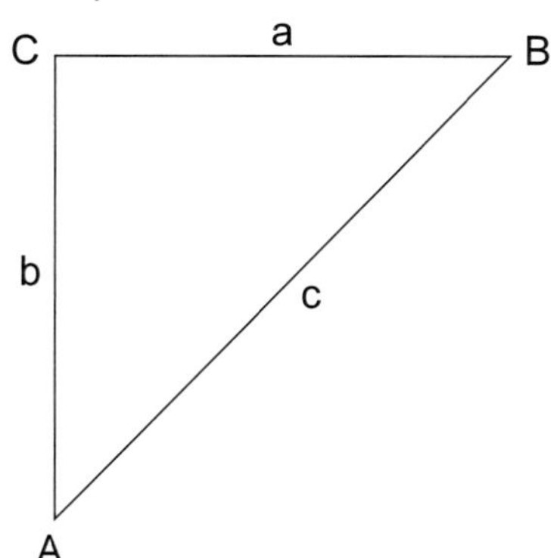

Aufgabe 6:

	rechtwinklig	nicht rechtwinklig
a = 6 cm; b = 9 cm; c = 10 cm		X
a = 14 cm; b = 7 cm; c = 12 cm		X
a = 4 cm; b = 3 cm; c = 5 cm	X	

A1-Aufgaben in der Mathematik
Vorbereitung für den hilfsmittelfreien Teil der Realschulprüfung – Bestell-Nr. 13 055
KOHL VERLAG

15 Lösungen

Satz des Pythagoras & Höhen- und Kathetensatz

Aufgabe 7:

a) $a = 6$ cm; $b = 3$ cm; $c^2 = 45$ cm²

b) $a = 4$ cm; $b = 5$ cm; $c^2 = 41$ cm²

c) $a = 7$ cm, $b = 2$ cm; $c^2 = 53$ cm²

Aufgabe 8:

a) $a = 9$ cm; $b = 12$ cm; $c = ?$ cm

$9^2 + 12^2 = c^2 \rightarrow c^2 = 225$ cm² $\rightarrow c = 15$ cm

b) $a = ?$ cm; $b = 5$ cm; $c = 13$ cm

$c^2 - b^2 = a^2 \rightarrow a^2 = 13^2 - 5^2 \rightarrow a^2 = 144$ cm² $\rightarrow a = 12$ cm

Aufgabe 9: Nein, die Behauptung ist nicht richtig. Für jedes rechtwinklige Dreieck gilt: Das Quadrat über einer Kathete ist flächengleich zum Rechteck aus der Hypotenuse und dem anliegenden Hypotenusenabschnitt.

Aufgabe 10: Richtig sind:

$c = \frac{a^2}{p}$

$b^2 = c \cdot q$

Aufgabe 11: Richtig sind:

$c = u - a - b$

$c = p + q$

Aufgabe 12:

a) $c = a^2 : p$

b) $q = b^2 : c$

c) $p = c - q$

Aufgabe 13:

$e^2 = n \cdot m$	$a^2 = k \cdot m$
$d^2 = g \cdot n$	$p^2 = b \cdot k$
$f^2 = g \cdot m$	$n^2 = b \cdot m$

Aufgabe 14: $c = 2$ cm + 4 cm

Aufgabe 15: $a^2 = c \cdot p \rightarrow 5^2 = 6 \cdot 3 \rightarrow 25 = 18 \rightarrow$ Das Dreieck ist nicht rechtwinklig.

Trigonometrie

Aufgabe 1:

sin 53° = 0,8

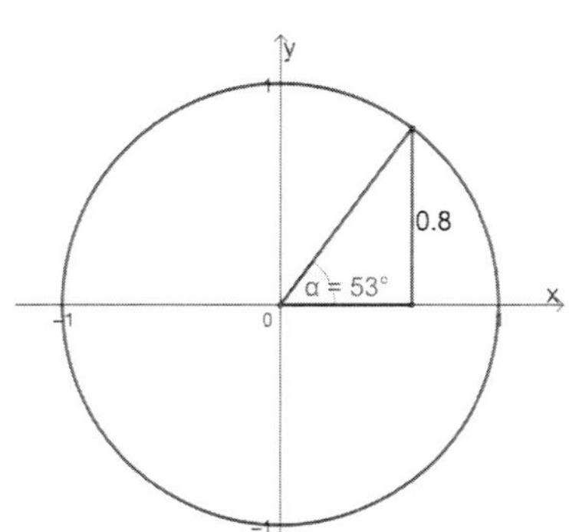

Aufgabe 2:

cos α = 0,5 → α = 60°

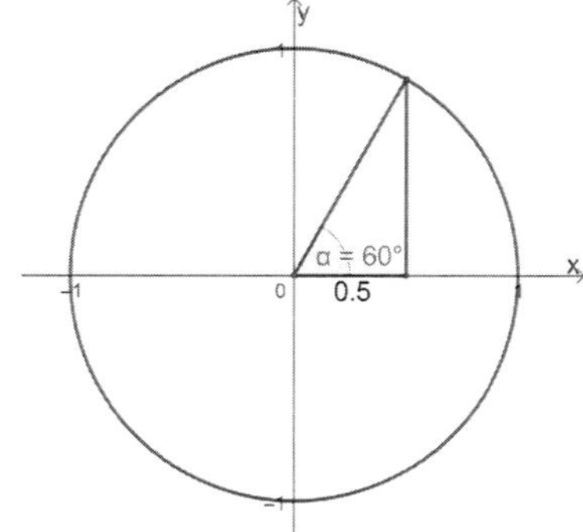

Aufgabe 3:

sin α = –1 → α = 270°

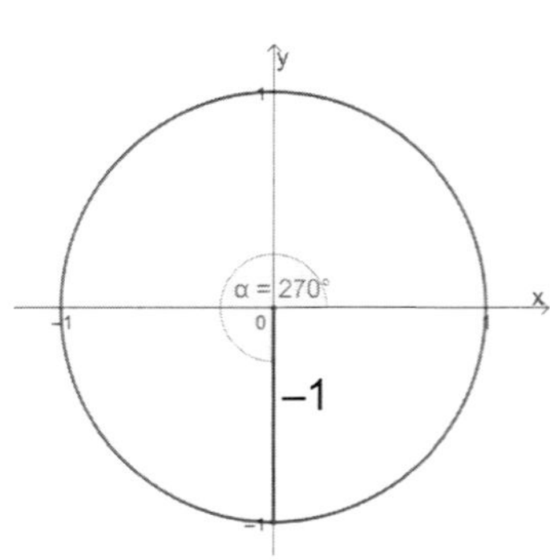

Lösungen

Trigonometrie

Aufgabe 4: ja, Begründung: Satz des Thales

Aufgabe 5:

a) [X] ABC

[ ] ABD

Begründung:

Der Höhensatz gilt nur für rechtwinklige Dreiecke. Durch den Thaleskreis kann man erkennen, dass nur das Dreieck ABC rechtwinklig ist.

b) Flächeninhalt

1. Berechnung h: $h^2 = p \cdot q = 12{,}5 \cdot 2 = 25 \quad | \sqrt{}$

$h = 5$ cm

2. Berechnung der Fläche von Dreieck ABC: g = 12,5 + 2 = 14,5 cm

Fläche: $\frac{1}{2} \cdot g \cdot h = \frac{1}{2} \cdot 14{,}5 \cdot 5 = 36{,}25 \text{ cm}^2$

Kugeln

Aufgabe 1:

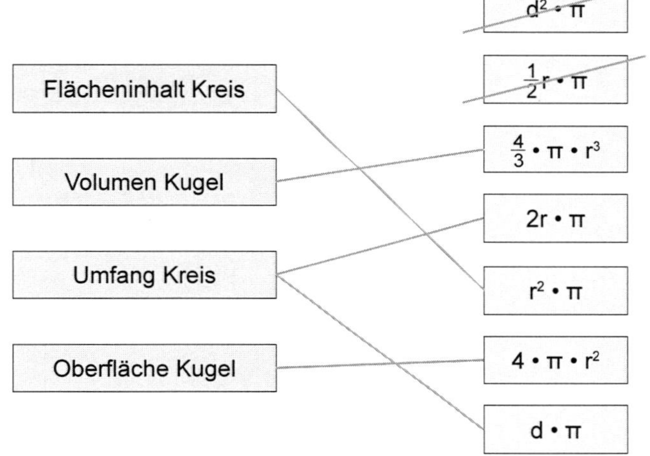

Aufgabe 2:

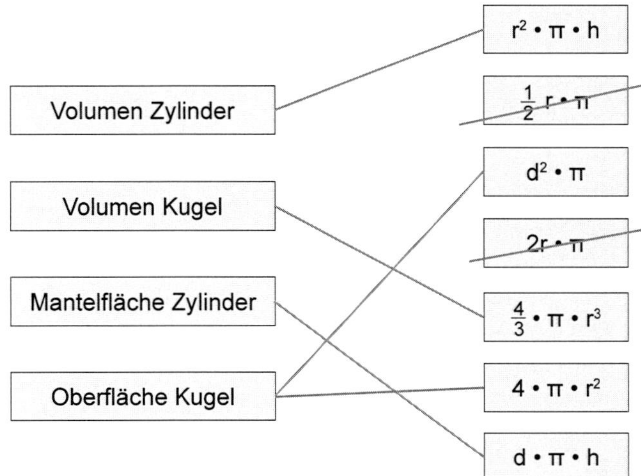

Aufgabe 3: Es verachtfacht sich.

Aufgabe 4: 27-mal so groß

Aufgabe 5: 8-mal so groß

A1-Aufgaben in der Mathematik
Vorbereitung für den hilfsmittelfreien Teil der Realschulprüfung – Bestell-Nr. 13 055
KOHL VERLAG

15 Lösungen

Kugeln

Aufgabe 6: $O_{Kugel} = \pi \cdot d^2 \approx 3 \cdot 3^2 = 27\ dm^2$

$O_{Würfel} = a \cdot b \cdot 6 = 3 \cdot 3 \cdot 6 = 54\ dm^2$ (Grundfläche mal 6 Flächen) > O_{Kugel}

Aufgabe 7: $V_{Kugel} = \frac{1}{6} \cdot \pi \cdot d^3 = \frac{1}{6} \cdot \pi \cdot 2^3 \approx 4\ dm^3$; $V_{Würfel} = 2 \cdot 2 \cdot 2 = 8\ dm^3 > V_{Kugel}$

Aufgabe 8: Aussage a) ist falsch

Aufgabe 9: $V_{Kugel} = \frac{1}{6} \cdot \pi \cdot 20^3 \approx 0{,}167 \cdot 3{,}14 \cdot 8000 \approx 4195{,}04\ cm^3$;

$m = \rho \cdot V = 22{,}59 \cdot V \approx 94{,}766\ g \approx 94{,}8\ kg$

Es wird äußerst schwierig, die Kugel zu tragen.

Binomische Formeln

Aufgabe 1: $(3x + 7)(3x - 7) = 9x^2 - 49$

Aufgabe 2: $(11a - 6b)^2 = 121a^2 - 132ab + 36b^2$

Aufgabe 3: $(5 - z)^2 = 25 - 10z + z^2$

Aufgabe 4: $(0{,}5x - 7y)^2 = 0{,}25x^2 - 7xy + 49y^2$

Aufgabe 5: $(2a + 0{,}5)^2 = 4a^2 + 2a + 0{,}25$

Aufgabe 6: $(0{,}4m - 2n)^2 = 1{,}6m^2 + 1{,}6n - 4n^2$

$\rightarrow\ 0{,}16m^2 - 1{,}6n + 4n^2$

Aufgabe 7: $81x^2 - 144y^4 = (9x - 12y^2)(9x + 12y^2)$

Aufgabe 8: $\frac{1}{9}d^2 - \frac{1}{3}de + \frac{1}{4}e^2 = (\frac{1}{3}d - \frac{1}{2}e)^2$

Aufgabe 9: $(0{,}5z - 4y)(0{,}5z + 4y) = 0{,}25z^2 - 16y^2$

Aufgabe 10: $(0{,}7a + 9b^2)(0{,}7a + 9b^2) = 0{,}49a^2 + 12{,}6ab + 81b^4$

Aufgabe 11: $(0{,}3e + 5f)^2 = 0{,}09e^2 + 3ef + 25f^2$

Aufgabe 12: $(\frac{1}{4}x - 8z^2)(\frac{1}{4}x + 8z^2) = \frac{1}{16}x^2 - 64z^4$

Zufallsexperimente

Aufgabe 1:

a) 35, 36, 36, 37, 38, 38, 39, 40, 42, 44, 45

b) 35, 36, 36, 37, 38, **38**, 39, 40, 42, 44, 45; Median: 38

Aufgabe 2:

Noten	Absolute Häufigkeit	Relative Häufigkeit
1	~~IIII~~ I	$\frac{6}{20}$
2	IIII	$\frac{4}{20}$
3	II	$\frac{2}{20}$
4	IIII	$\frac{4}{20}$
5	III	$\frac{3}{20}$
6	I	$\frac{1}{20}$

15 Lösungen

Zufallsexperimente

Aufgabe 3: - eine Spielkarte aus einem Stapel ziehen
- eine 2 €-Münze werfen

Aufgabe 4: Der Unterschied liegt in der Wahrscheinlichkeit. Beim Ziehen einer Kugel „mit Zurücklegen" hat man hinterher wieder alle Kugeln in der Urne, beim Ziehen „ohne Zurücklegen" ist es danach eine Kugel weniger.

Zeichnung: individuelle Lösungen

Aufgabe 5:

a) E = {2, 4, 6}

b) E = {1, 3, 5}

c) E = {3, 6}

d) E = {1, 2, 3, 4}

Aufgabe 6:

a) E = {5, 6, … , 19, 20}

$\frac{16}{20} = \frac{4}{5} = 80\ \%$

b) E = {4, 8, 12, 16, 20}

$\frac{5}{20} = \frac{1}{4} = 25\ \%$

c) E = {1, 4, 6, 8, 9, 10, 12, 14, 15, 16, 18, 20}

$\frac{12}{20} = \frac{3}{5} = 60\ \%$

d) E = {1, 2, 3, 4, 5, 6, 7, 8}

$\frac{8}{20} = \frac{2}{5} = 40\ \%$

Aufgabe 7:

a)

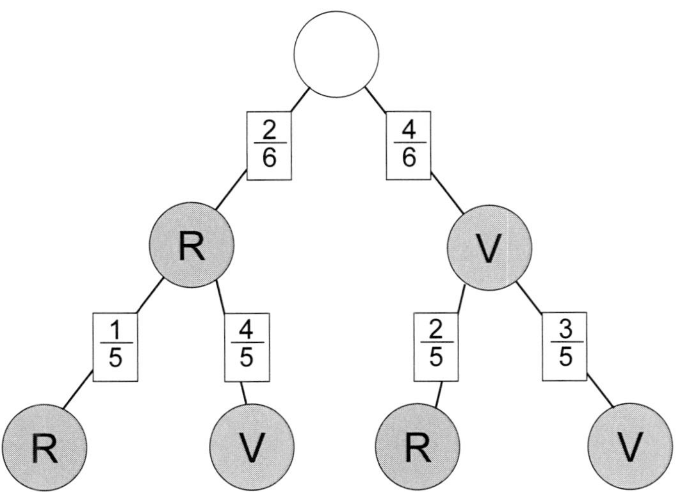

KOHL VERLAG Lernen mit Erfolg
A1-Aufgaben in der Mathematik
Vorbereitung für den hilfsmittelfreien Teil der Realschulprüfung – Bestell-Nr. 13 055

15 Lösungen

Zufallsexperimente

Aufgabe 7:

b) Es verändern sich die Wahrscheinlichkeiten in der unteren Reihe, da wieder 6 Kugeln in der Urne sind, wenn man die zweite Kugel zieht.

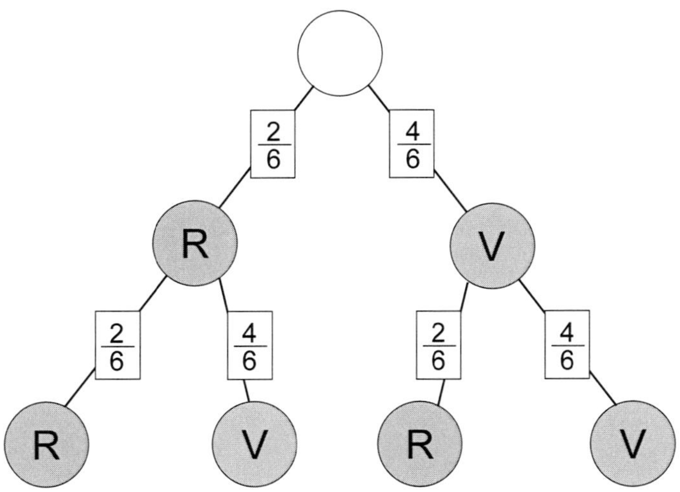

Aufgabe 8: $3 \cdot 2 \cdot 2 = 12$ Kombinationsmöglichkeiten

Aufgabe 9:

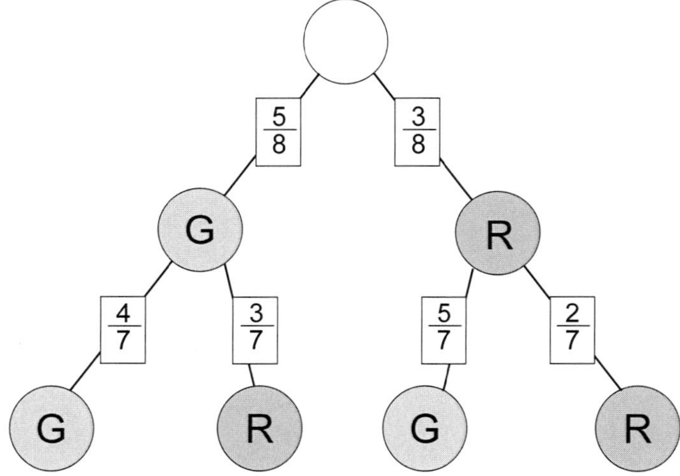

Aufgabe 10:

a)

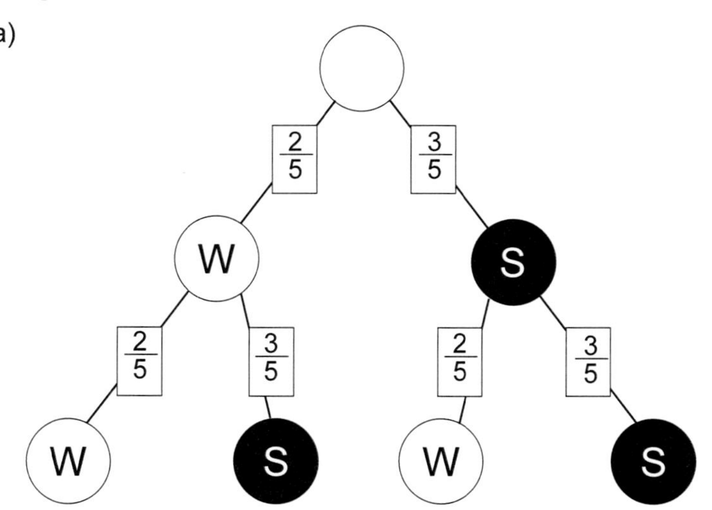

A1-Aufgaben in der Mathematik

15 Lösungen

Zufallsexperimente

Aufgabe 10:

b) Es verändern sich die Wahrscheinlichkeiten in der unteren Reihe, da nur noch 4 Kugeln in der Urne sind, wenn man die zweite Kugel zieht.

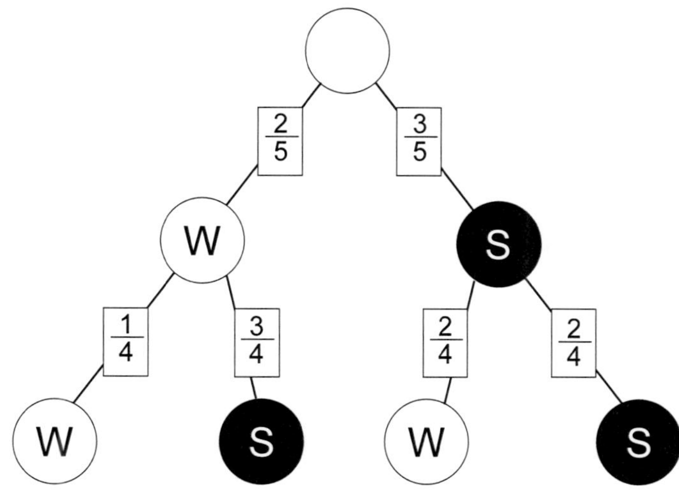

Aufgabe 11: Für den ersten Platz, den Sieger, gibt es 7 Möglichkeiten, für den zweiten Platz nur noch 6, den dritten 5 usw.

$7! = 7 \cdot 6 \cdot 5 \cdot 4 \cdot 3 \cdot 2 \cdot 1 = 5040$

Aufgabe 12: a) $10^4 = 10.000$

b) Da er sich die bereits ausprobierten Kombinationen nicht merkt, ist es so wie beim Ziehen mit Zurücklegen. Bei jedem Probieren bleibt die Wahrscheinlichkeit für den Erfolg also gleich: $\frac{1}{10.000}$

Man könnte sich einen ganz langen Baum vorstellen mit 40 Ebenen untereinander. Das ist nur der Anfang:

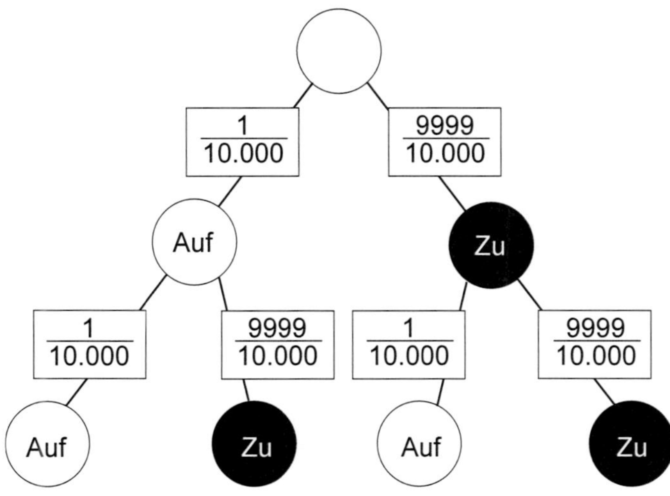

Nur wenn er immer den rechten Ast „wählt", bleibt das Schloss die ganze Zeit lang zu. Die Wahrscheinlichkeit dafür ist:

$\left(\frac{9999}{10.000}\right)^{40} \approx 0{,}996$

Die Wahrscheinlichkeit dafür, dass er es aber irgendwann während der 40 Versuche schafft, ist:

$\approx 1 - 0{,}996 = 0{,}004 = 0{,}4\ \%$

A1-Aufgaben in der Mathematik
Vorbereitung für den hilfsmittelfreien Teil der Realschulprüfung – Bestell-Nr. 13 055
KOHL VERLAG

15 Lösungen

Quadratische Funktionen

Aufgabe 1: der Graph g: nach oben geöffnet, Scheitelpunkt S(3|2)

Aufgabe 2: $y = -x^2 + x - 1$ $y = -(x^2 - x + 0{,}25) - 1 + 0{,}25$ $y = -(x - 0{,}5)^2 - 0{,}75$

der Graph t: nach unten geöffnet, Scheitelpunkt S(0,5|–0,75)

Aufgabe 3: der Graph j: nach unten geöffnet, Scheitelpunkt S(1|–1,5)

Aufgabe 4: Möglichkeit 1: Scheitelpunkt S(4|4) ablesen und Scheitelpunkt im Koordinatensystem markieren. Mit Schablone nach unten geöffnet zeichnen.

Möglichkeit 2: Wertetabelle anlegen, 3 Punkte reichen, Punkte in das Koordinatensystem übertragen, Parabelschablone nach unten geöffnet anlegen und zeichnen.

$y = -(x - 4)^2 + 4$

x	–1	0	1
y	–21	–12	–5

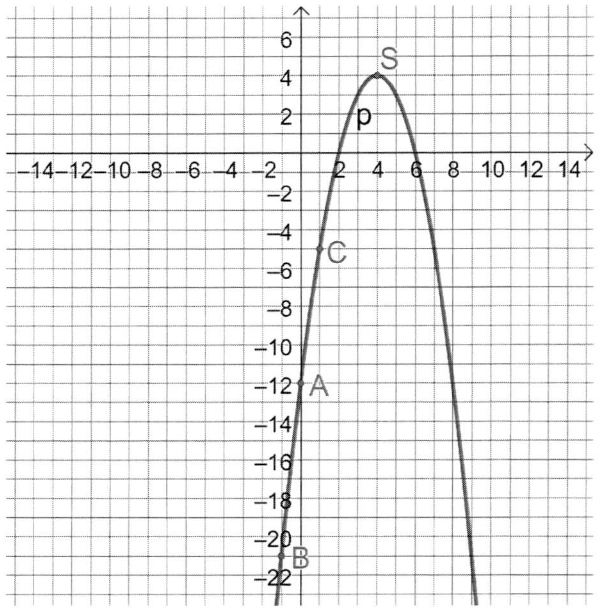

Aufgabe 5: Möglichkeit 1: umformen in Scheitelpunktform $y = (x + 2)^2 - 2$, Scheitelpunkt S(–2|–2) ablesen und Scheitelpunkt im Koordinatensystem markieren. Mit Schablone nach oben geöffnet zeichnen.

Möglichkeit 2: Wertetabelle anlegen, 3 bis 4 Punkte reichen, Punkte in das Koordinatensystem übertragen, Parabelschablone nach oben geöffnet anlegen und zeichnen.

x	–1	0	1
y	–1	2	7

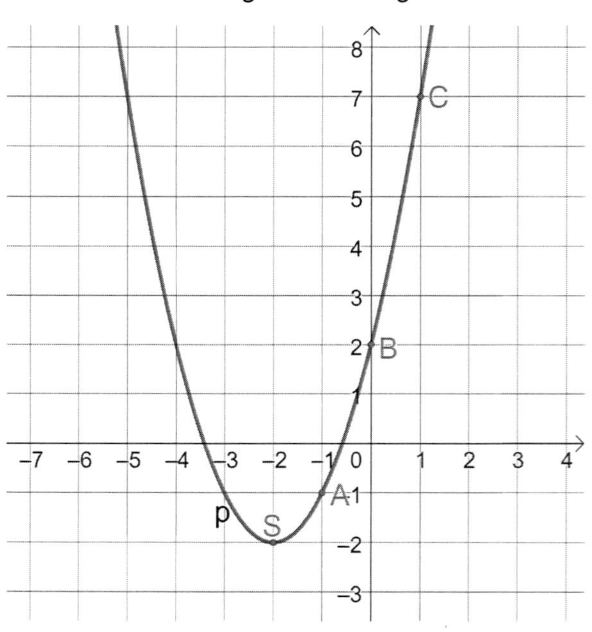

15 Lösungen

Aufgabe 6: p': $y = (x + 2{,}5)^2 + 1{,}5$

Aufgabe 7: p': $y = (x + 1)^2 + 1$

Aufgabe 8: p: $y = (x - 3)^2 - 3$

Aufgabe 9: nach unten geöffnet, S(–2,5|–4)

Aufgabe 10: p: $y = -(x + 4)^2 - 1$

Aufgabe 11: nach oben geöffnete Normalparabel, um 4 Einheiten nach unten verschoben

Aufgabe 12: p': $y = x^2 + 1$

Aufgabe 13: p': $y = -(x + 1)^2 + 6$

Aufgabe 14: S_1(–2|5) von p; S_2(–2|4) von f; p nach oben geöffnet, f nach unten geöffnet → S_1 liegt „über" S_2. → Die beiden Parabeln schneiden sich nicht.

Zeichnerische Lösung:

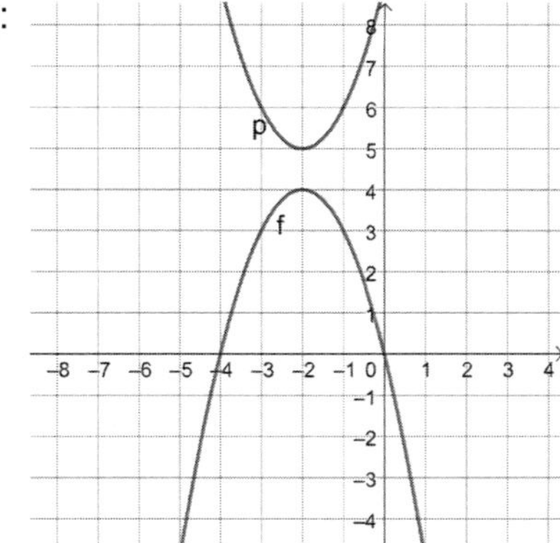

Aufgabe 15: S_1(1|1) von p; S_2(3|4) von f; p nach oben geöffnet, f nach unten geöffnet → S_2 liegt „über" S_1 und nicht „zu weit rechts davon". → Die beiden Parabeln schneiden sich in 2 Punkten.

Zeichnerische Lösung:

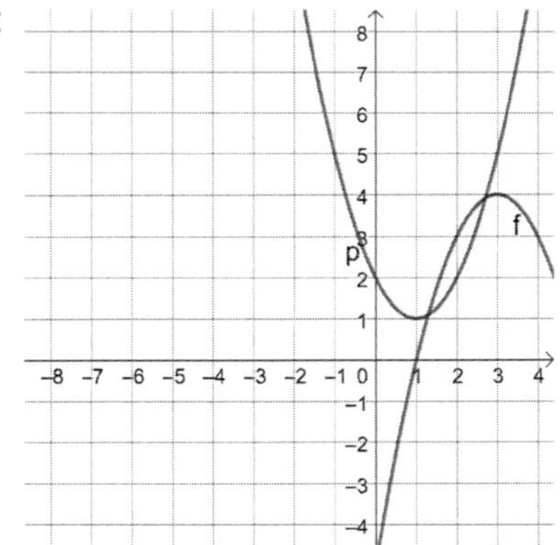

Aufgabe 16: f: $y = (x - 2)^2 + 2$ → S_1(2|2)

individuelle Lösungen, Bsp: p: $y = -x^2$ → S_2(0|0), also „unter" S_1(2|2) und ist nach unten geöffnet.

Aufgabe 17: f: $y = (x - 2)^2 + 2$ → S_1(2|2) → p gleicher Scheitelpunkt, aber nach unten geöffnet, also: p: $y = -(x - 2)^2 + 2$

Aufgabe 18:

x	–2	–1	0	1	2	3	4
y	–13	–6	–1	2	3	2	–1

→ S(2|3), die anderen y-Werte liegen symmetrisch dazu.

A1-Aufgaben in der Mathematik
Vorbereitung für den hilfsmittelfreien Teil der Realschulprüfung – Bestell-Nr. 13 055
KOHL VERLAG

15 Lösungen

Quadratische Funktionen

Aufgabe 19:

x	–2	–1	0	1	2	3	4
y	–6	–3	–2	–3	–6	–11	–18

→ S(0|–2), die anderen y-Werte liegen symmetrisch dazu.

Aufgabe 20:

x	–2	–1	0	1	2	3	4	5	6	7	8
y	51	38	27	18	11	6	3	2	3	6	11

Scheitelpunkt ist grau markiert aus Symmetrie, nach oben geöffnet, da die Werte neben dem Scheitel weiter oben liegen → p: $y = (x - 5)^2 + 2$

Aufgabe 21:

x	–4	–3	–2	–1	0	1	2	3	4
y	–25	–16	–9	–4	–1	0	–1	–4	–9

Scheitelpunkt ist grau markiert aus Symmetrie, nach unten geöffnet, da die Werte neben dem Scheitel weiter unten liegen → p: $y = -(x - 1)^2$

Aufgabe 22: p: $y = -x^2$

Aufgabe 23: p: $y = (x + 1{,}4)^2 - 1{,}4$

Aufgabe 24: Ja, wenn man die Klammer ausmultipliziert, sieht man es: $y = x^2 - 8x$

Aufgabe 25: keine Lösung: Die Umformung $x^2 = -8$ hat keine Lösung.

Aufgabe 26: eine Lösung: Die Umformung $x^2 = 0$ hat genau eine Lösung → $x = 0$

Aufgabe 27: zwei Lösungen: $x^2 = 4$ Wurzel ziehen → $x = \pm 2$

Aufgabe 28:

p:	$y = x^2 - 2$
f:	$y = -x^2 + 2$
g:	$y = -x^2 - 2$
h:	$y = x^2 + 2$

Bruchgleichungen / Lineare Gleichungssysteme

Aufgabe 1: $D = \mathbb{R} \setminus \{0; 2; 5\}$

Aufgabe 2: $D = \mathbb{R} \setminus \{0; \frac{3}{4}\}$

Aufgabe 3: $D = \mathbb{R} \setminus \{2; 4\}$

Aufgabe 4:
I) $a + 2b = -5$
II) $a + 4b = -9$
I – II) $-2b = \underline{\mathbf{-14}}$ | : (–2)
richtig: $-2b = 4$

Aufgabe 5:
I) $k = 4j - 11$
II) $2k + j = -4$
I) in II) $2 \cdot \underline{\mathbf{4j - 11}} + j = -4$
richtig: $2 \cdot (4j - 11) + j = -4$

Lösungen

Aufgabe 6:

I) $x = 4h - 17$
II) $0{,}5h - 3 = x$
I = II) $0{,}5h - 3 = 4h - 17 \quad | + 17$
$0{,}5h + 14 = 4h \quad | - 0{,}5h$
$14 = 3{,}5h \quad | : 3{,}5$
$h = 4$
in I) $x = 4 \cdot \underline{\mathbf{3{,}5}} - 17 = -3$
richtig: $x = 4 \cdot 4 - 17 = -1$

Aufgabe 7:

I) $x - 2y = 6$
II) $-x = 4$
I + II) $-2y = 10 \quad | : (-2)$
$y = -5$
in I) $x - 2(-5) = 6$
$x + 10 = 6$
$x = -4$
$x = -4;\ y = -5 \rightarrow L = \{(-4|-5)\}$

Aufgabe 8:

I) $a + 2b = 4$
II) $2a + 4b = -8$
2I – II) $0 = 16$
Keine Lösung. Beim Auflösen kommt eine unwahre Aussage zustande: 0 = 16

Aufgabe 9:

	$\sqrt{a^2 + a^4} = \sqrt{a^6}$
X	$4b + 8x = 4(b + 2x)$
	$\sqrt{\frac{t^4}{z^9}} = \frac{t^2}{z^3}$
X	$-(6x - 9y) : 1{,}5 = -4x + 6y$

Aufgabe 10: Additionsverfahren: Dadurch fällt die Variable y direkt weg.

Aufgabe 11: Einsetzungsverfahren: Gleichung I) ist schon nach x aufgelöst.

Aufgabe 12:

I) $3x + 5y = -22$
II) $-3x + 6y = -33$
I + II) $11y = -55 \quad | : 11$
$y = -5$
in I) $3x - 25 = -22$
$3x = 3$
$L = \{1|-5\}$

A1-Aufgaben in der Mathematik
Vorbereitung für den hilfsmittelfreien Teil der Realschulprüfung – Bestell-Nr. 13 055
KOHL VERLAG

15 Lösungen

Musterprüfung 1

Aufgabe 1: A und C, gleiche Winkel, verhältnisgleiche Seitenlänge

Aufgabe 2:

7^4	>	7^{-4}
3^4	>	4^3
$0{,}1^8$	<	8^0
3^{-4}	>	3^{-5}

Aufgabe 3: Es beträgt nur noch $\frac{1}{8}$ des vorherigen Volumens.

Aufgabe 4: Ja, Ayses Behauptung stimmt, da der Steigungsfaktor nicht negativ, sondern positiv ist.

Aufgabe 5: a) $\frac{c}{d} = \frac{b}{e}$ b) $\frac{f}{a} = \frac{e}{b}$

Aufgabe 6: $b^2 = c \cdot q$

$4^2 = 8 \cdot 2$

$16 = 16$ → Ja, es handelt sich um ein rechtwinkliges Dreieck.

Aufgabe 7: $(8x - 11y^2)\,(8x + 11y^2)$

Aufgabe 8: $4 \cdot 3 \cdot 2 = 24$ Möglichkeiten

Musterprüfung 2

Aufgabe 1: $4 \cdot 1 \cdot \frac{1}{4} = 1$

Aufgabe 2: a) $h^2 = p \cdot q = 8{,}1 \cdot 10 = 81 \quad |\sqrt{\ } \rightarrow \quad h = 9$ cm

b) $k = 1{,}5 \rightarrow k^2 = 1{,}5 \cdot 1{,}5 = 2{,}25$

Aufgabe 3: Das Volumen wird 27-mal so groß.

Aufgabe 4: eine Nullstelle: Die Parabel p hat eine Nullstelle im Ursprung.

Aufgabe 5: $10^3 = 1000 \rightarrow x = 3$

Aufgabe 6: $y = -2x + 0{,}8$

Aufgabe 7: $(0{,}8x - 5y)^2 = 0{,}64x^2 - 8xy + 25y^2$

Aufgabe 8: a) $p = \frac{a^2}{c}$

b) $c = \frac{b^2}{q}$

c) $q = c - p$

Musterprüfung 3

Aufgabe 1:

$\sqrt[20]{2^{-10}}$	>	2^{-2}
$\sqrt[2]{3^4}$	<	10
$\sqrt[4]{10^0}$	=	10^0
$\sqrt[3]{64^2}$	>	2^2

Aufgabe 2: $D = \mathbb{R} \setminus \{0; 2; 20\}$

Aufgabe 3: falsch

Aufgabe 4: alle Kreise; alle gleichseitigen Dreiecke

Aufgabe 5: $L = \{\ \}$

Aufgabe 6: Er vervierfacht sich.

Aufgabe 7: $-1 = 3 \cdot 2 - 7 \rightarrow -1 = -1 \rightarrow$ Der Punkt A liegt auf der Geraden.

Aufgabe 8: Alle 25 min verdoppelt sich die Anzahl der Bakterien.

Aufgabe 9: $\frac{4}{32} + \frac{4}{32} = \frac{8}{32} = \frac{1}{4} = 25\ \%$